江奇志 编著

包装设计

平面设计师高效工作手册

PACKAGING DESIGN

U0196531

北京大学出版社

PEKING UNIVERSITY PRESS

内 容 提 要

包装设计在不同的历史阶段承载不同的功能，从保护产品到方便储运，从促进销售到增进用户体验，从包装产品到包装品牌……杜邦定律告诉我们包装促成购买行动的道理，而在智能时代的当今，包装已从价值的传播者升级为价值的放大者。因此，包装是创造商品附加值、营造企业文化、塑造品牌形象的重要手段！

本书分为三大篇（共6章），第1篇是原理篇，先结合新形势介绍包装的新内涵，再基于包装设计流程梳理了各个流程的设计要点。第2篇是鉴赏篇，通过剖析世界知名的经典包装设计，分析了十个企业常规包装设计的实用之处，从两个维度解读包装的设计之道。第3篇是实践篇，首先介绍了常规的设计制图方法，其次介绍了用3ds Max绘制照片及包装效果图的方法，最后专门介绍了专业包装结构设计软件Esko ArtiosCAD的使用方法。

本书内容安排理实结合，语言通俗易懂，书中实例题材丰富多样，不仅适合广大职业院校及计算机培训学校作为相关专业的教材用书，也可以作为广告设计初学者、设计爱好者的学习参考书。

图书在版编目(CIP)数据

包装设计：平面设计师高效工作手册 / 江奇志编著. — 北京：北京大学出版社，2019.6
ISBN 978-7-301-30419-8

Ⅰ.①包… Ⅱ.①江… Ⅲ.①包装设计－手册 Ⅳ.①TB482-62

中国版本图书馆CIP数据核字(2019)第055198号

书 名	包装设计：平面设计师高效工作手册
	BAOZHUANG SHEJI: PINGMIAN SHEJISHI GAOXIAO GONGZUO SHOUCE
著作责任者	江奇志 编著
责 任 编 辑	吴晓月 孙宜
标 准 书 号	ISBN 978-7-301-30419-8
出 版 发 行	北京大学出版社
地 址	北京市海淀区成府路205 号 100871
网 址	http://www.pup.cn 新浪微博：@ 北京大学出版社
电 子 邮 箱	编辑部 pup7@pup.cn 总编室 zpup@pup.cn
电 话	邮购部 010-62752015 发行部 010-62750672 编辑部 010-62570390
印 刷 者	北京宏伟双华印刷有限公司
经 销 者	新华书店
	787毫米×1092毫米 16开本 19印张 358千字
	2019年6月第1版 2024年7月第5次印刷
印 数	10001-12000册
定 价	79.00 元

一个没有包装的产品只能算是半成品,"杜邦定律"及国内外经济发展的事实证明,包装设计在日趋激烈的市场竞争中具有重要的战略意义。包装设计是现代整合营销的重要组成部分,是"无声的推销员",相当于球赛的临门一脚。单从刺激购买行为方面来说,包装设计起的作用大过广告,可以说它是广告的延伸,是在经过广告策划、创意,在各种媒体上发布之后的终极广告;还可以将它看作一个鲜活的广告媒体,也是企业形象的重要组成部分⋯⋯简单地说,包装设计已经逐渐成为现代整合营销中不可分割的一部分,更是产品中不可分割的一部分!

我国最早对包装的定义是体现"保护产品、方便储运、促进销售"三大功能,但时代在进步,已经从解决温饱时代进入了物质丰裕时代,人们有了更高的需求,对于企业需打造品牌,对于个人需体现个性,所以当前及以后的包装功能必须还得有"塑造(重塑)品牌、彰显个性"等作用。

虽然我国已经不再处于"一流的产品,二流的包装,三流的价格"的时代,众多企业越来越重视包装(甚至出现过度包装的情况),众多高校也在培养包装设计的人才,这门学科正趋于成熟,但仍存在与社会脱节的问题。从众多的包装设计教材中就可以看出,此类教材大致可分为两类:纯理论教材和软件培训类教材。纯理论教材占绝大部分,内容也大同小异,但缺少案例、实战,不适合用于职业教育或培训;软件培训类教材只强调效果图表现,对产品现状、目标人群、设计原理、材料工艺、尺寸结构等问题涉及甚少,即使再将效果图复现一遍也是一片茫然。目前急需的是实训教材,因为实训教材本就极少,而且已有的这些教材中,无论是设计、制图，还是表示方法都值得商榷，甚至有些按图纸都做不出成品。本书对目前的一些问题进行了探索，但因时间紧、人手少，所以难免出现纰漏，还望大家多多指正。

本书的最大亮点在于"接地气"，采用了大量的真实企业案例进行编写。全书分为三大篇，首先是"原理篇"，从宏观上对包装设计定一个基调，介绍新形势下包装的内涵，并基于工作流程纵向梳理从调研到成品的各个环节要点。其次是"鉴赏篇"，先对十多个经典包装进行分析点评，以加深读者的理解；再从设计角度对十个实际项目进行剖析解密。最后是"实践篇"，精选几个企业包装项目，从盒类包装、袋类包装、瓶类包装和手提包装4个方面，以包装设计表现的角度切入，从设计背景、材料容器、结构装潢等方面进行分析，一步步绘制结构图、展开图与效果图。效果图采用大多数企业都采用的平面软件绘制法。另外还增补了照片级的三维软件绘制法，既适合大多数企业又起到引领技术的作用。另一个亮点是介绍专业包装结构设计软件 Esko ArtiosCAD 的使用技巧，使用此软件将大大提高工作效率。附录是"作品欣赏"，摒弃通常的获奖作品，采用企业经典案例和优秀学生作品，因为广告、包装等不是纯艺术，不是拿来获奖的，而是用于提高销售额的。正如美国设计大师雷蒙德·罗维说的，"最美的曲线就是销售额曲线"。

另外，本书还赠送了丰富的学习资源，具体如下。

（1）长达 10 小时的《Photoshop CC 图像处理从入门到精通》教学视频，即使无 Photoshop 基础，也可以通过此视频学会 Photoshop 的操作与应用。

（2）《商业广告设计印刷必备手册》电子书，对初学广告设计的新手有很大的帮助，通过本手册，他们可以快速掌握印刷处理技术。

（3）《高效人士效率倍增手册》电子书，教读者学会日常办公中的一些管理技巧，提升工作效率和职场竞争力。

（4）与本书内容同步的 PPT 课件，全程再现包装设计的方法与经验，也方便教师选用此书教学。

温馨提示：以上资源，请扫描下方任意二维码关注微信公众账号，输入代码 jH539qz9，获取下载地址及密码。

创作者说

本书由凤凰高新教育策划，由江奇志老师编写。江奇志：广告师、副教授、二级建造师，Photoshop 专家，主要从事视觉传达、包装设计、室内设计专业的教学教研、专业建设工作。江奇志教授有较丰富的设计实战经验和一线教学经验，曾获 Adobe 公司中国区"2006 年度百名优秀教师"、第六届 ITAT 大赛"优秀指导教师"、"四川省第二届动漫旅游品创意设计大赛优秀指导教师""第二届全国高校数字艺术作品大赛优秀指导教师""第八届全国大学生广告艺术大赛四川赛区优秀指导教师"等称号，并著有《中文版 3ds Max 2016 基础教程》《案例学——Photoshop 商业广告设计（全新升级版）》《版式设计：平面设计师高效工作手册》等作品。

在本书的编写过程中，提供了全套包装设计方案及素材的有：成都同意包装有限公司设计师于坤（"蜀味佳"食品、"酒乡"老坛芽菜、"Mocca"车膜、食品通用礼盒等包装）；七水品牌设计顾问（西安）有限公司设计师代勇（岷江东湖饭店蛋糕、乌木工艺品等包装）；四川视域文化传播有限公司总经理冯强（"左右·汇乐晶典"月饼、"御食膳房"食品、欧多丽红酒、五粮液等包装）。此外，提供支持的还有四川省宜宾普什集团 3D 有限公司设计部主任刘坤宏（酒鬼湘泉、李记泡菜、五醍浆珍酿等包装）、设计师李增鸣（"孚日"家纺床品四件套包装）；广州番禺职业技术学院徐飞（"宜兴名茶"）；成都铂翼广告有限公司（九茗粉丝、香辣笋芽、益合元、玄蒸堂等包装）；四川永发印务有限公司（提供包装印刷流程及照片）。在此，对以上单位和个人的大力支持表示感谢！同时，还感谢凤凰高新教育的胡子平对此书的精心策划。我们竭尽所能地为读者呈现最好、最全的实用功能，但仍难免有疏漏和不妥之处，敬请广大读者不吝指正。

CONTENTS 目 录

第2篇　鉴赏篇

经典包装为何经久不衰？它们到底有哪些值得学习和借鉴的地方？在具体设计工作中，一些不知名但比较成功的包装又有哪些亮点？

若知识点是骨架，那么众多的案例则是肌肉。在对包装设计有了一个系统的认识后，再带着这些知识去分析、评价一些知名的或成功的包装，就会更深入地理解包装设计的本质。

第3章　经典包装的经典之处 // 123

第3篇 实践篇

确定策划方案、理出设计思路后，就要开始进行一个关键步骤——制图。图是一种设计语言，能传达其他语言难以描述的信息，有效地进行各方面的沟通。其中，草图能进一步厘清设计者的设计思路，效果图能有效地与客户沟通，结构图便于与生产制作部门协作。

那么，制图流程是怎样的？需要注意哪些问题？三维效果图绘制要领何在？如何绘制出照片级的三维效果图？专业包装结构软件"艾思科"如何使用？具体内容本篇将详细介绍。

第5章 包装设计表现 // 173

第6章 实战：ArtiosCAD 包装设计应用 // 231

第1篇

原理篇

在商品经济中，产品经过包装后才能变为商品。因此，有人说没有包装的产品只能是半成品。

那么，什么是包装？包装与广告、营销、品牌等又有怎样的关系？包装的概念、功能、设计等在当今"云大物智"时代又有哪些新的变化呢？包装设计的一般流程是什么？每个环节的要点有哪些呢？

PART 1

第 1 章
新形势下的包装设计

包装设计是一个既古老又现代的设计门类。说它古老，
是因为包装设计伴随人类的生产生活而产生、发展；
说它现代，是指它在新形势下有新的内涵与外延。

主题 **01**

认知包装设计

　　包装设计是一门边缘的学科，涉及材料学、营销学、广告传播学、人体工学、设计美学等多个学科，主要包含包装策划、包装材料设计、包装结构与容器设计、包装装潢设计、包装展示陈列设计等方面，需要全面考虑。但现实中存在一些误区，很多人把包装设计当成广告设计的一部分——平面设计，认为把包装进行美化就是包装设计。事实上，包装设计不是二维的，而是三维的；不是贴图设计，而是接近于工业产品的设计；不仅是视觉传达设计，更是用户体验设计。

　　以色列史学家尤瓦尔·赫拉利说，科技属阳，解决技术和功能层面的问题；人文属阴，解决精神和意义层面的问题，二者不可失衡。设计也是如此，需要解决功能和意义两个层面的问题。在包装设计上，是否保护产品、是否便利等即功能层面的问题；是否美观、是否环保等即意义层面的问题。评价一个包装设计也需从这两个层面入手，首先得满足包装的基本功能，即"对"的包装；其次在此基础上设计出"美"的包装。虽然现实中有只"对"不"美"的包装，只要商品质量好也能取胜，但难以提升其品牌形象；而只"美"不"对"的包装则注定失败。

1. 包装与营销：杜邦定律与"5P 营销"

　　设计界著名的"杜邦定律"认为，63% 的消费者是根据商品的包装来选购商品的，而不是因为广告。可见包装设计真是"无声的推销者"！如图 1-1 所示。

图 1-1　在超市产生购买行为的因素是包装

即使在电商平台，产品的展示也少不了包装，如图 1-2 所示。

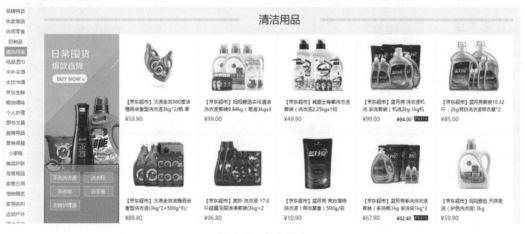

图 1-2　电商平台

从杜邦定律可以看出，卖场中虽有促销人员，但包装的促销功能依然不可忽视。我国对包装的定义是"保护产品、方便储运、促进销售"，它道出了包装的三大功能。其中，前两者主要体现在物流过程中，而"促进销售"则主要体现在卖场，即包装的传达信息功能，告诉受众"我是谁？我有什么特点？"等信息。

包装设计在现代营销中是重要的一个环节，营销大师麦卡锡在 20 世纪中叶曾提出 4P 营销理论：Product（产品）、Price（价格）、Place（渠道）、Promotion（促销），由于包装在市场营销中的地位越来越重要，因此有人在此基础上又加了一个 P——Packaging（包装）。

2. 包装与品牌：重塑品牌的关键

20 世纪 70 年代以来，"信息设计"的概念被引入设计领域，商品包装不再局限于满足使用功能和基本信息传播，更是企业形象设计的重要组成部分，传达着企业的视觉形象。

正如马斯洛的"需求层次"理论：随着物质的丰裕和经济的增长，人们对商品的要求也随之提高。在物资匮乏的年代，解决温饱是第一要事，商品极少甚至是计划供应，人们在包装上要求较低或没有要求；温饱问题解决后就对商品质量有了要求，于是诞生了"4P"营销理论，那时流行的理念是"不怕不识货，就怕货比货"，当然对包装的要求也有所提高。当产品质量都差不多、"货比货"没有多少差距，且产品同质化较为严重时，就对品牌有了较高的要求，于是就出现了"品牌形象"等理论，表现在包装上就是比较突出品牌形象。这标志着人们由对物质的需求升级到了对精神的需求：好的产品满足物质需求，好的品牌满足精神需求，也有人称之为"生理需求"与"心理需求"。同样的产品，新包装的价格是老包装的几倍甚至几十倍，原因就在于新包装提高了商品附加值，满足了消费者的心理需求，提升了品牌价值。

在当今经济环境中，只有好的产品是不够的，还需要提供足够的品牌附加值；包装不仅要做价值的提供者，更要做价值的传播者与放大者。图 1-3 所示为某企业形象视觉识别（VI）手册中的一页，可见包装被纳入了其形象识别系统，肩负树立品牌形象及传递企业理念的任务。

图 1-3　包装是视觉形象系统（VIS）的一部分

3. 包装与广告：广告的延伸与达成

营销大师叶茂中曾说过："在碎片化的时代，一切传播都被打了折扣，出色的产品包装才是最有力的传播载体，它不仅是容纳食物的口袋，更是竞争激烈的容器"。

广告是营销手段之一，而目前的营销已经从价格营销、质量营销、品牌营销逐步升级到了"整合营销"阶段，再也不是单打独斗的营销，而是通盘布局，牵一发而动全身：集策划、广告、包装、公关于一体，相互配合。而包装属于营销（广告）活动的后一环，比 POP（商业销售中的一种店头促销工具）卖场广告更靠后，就像足球前锋一样，最后的临门一脚就是广告活动成败的关键！

广告专业内的包装设计属于销售包装设计，从广告的角度讲：一方面，包装是经历广告策划、设计、制作、发布环节后，货架上的终极广告；另一方面，广告离不开媒体，包装也可以看成是与报纸、杂志、广播、电视、网络、手机、户外等广告媒体并驾齐驱的另类媒体，并且是不需要广告主付款购买的一种广告媒体，如图 1-4 和图 1-5 所示。

图 1-4　包装是不用购买的广告媒体　　　　图 1-5　陈列式包装加强广告效果

　　在行业中，有种说法是"没有包装的产品只能算半成品"，因为产品需包装后才能成为商品。因此，在现实中，许多企业都非常重视包装设计，产品的升级或企业形象的维护与提升往往也打着"全新包装"的旗号，如图 1-6 所示。

图 1-6　产品新包装上市广告

　　总之，现代包装设计顺应时代巨变，具有全新的功能，所承担的任务已远远超过以前。而且其设计理念紧密联系市场，除了可以起到促销作用外，更是产品的一部分，已经与产品密不可分。

4. 与包装设计相关的学科

　　包装设计是一门边缘学科，涉及多个领域，大体可分为营销、工程和其他几大类，包装设计师需要了解心理学、民俗学、材料学、力学、机械学、商品学、自动化、传播学等多个学科，如图 1-7 所示。

图 1-7　包装设计是一门边缘学科

　　前面说过，包装是营销战略的一部分，因此在开发环节，要联系市场策划、营销心理学、传播学、民俗学等学科，至少设计的包装要能得到消费者认可，不犯禁忌。当然还要熟悉工程技术方面的知识，能根据包装所能承受的力选用合适的材料、制作工艺；能根据具体商品的性能设计结构与容器；能根据商品卖点设计造型与装潢，给人以良好的货架印象及品牌印象；此外，还要熟悉相关法律法规及行业规范等。

主题 **02**

包装概念及设计原则

何为包装？简单地说，就是给产品"穿衣服"。俗话说，"佛靠金装，人靠衣装"，商品也得靠包装。

"包"即包裹、包扎；"装"即安置、安放。"包装"为名词时是指包装商品的物体，为动词时是指对产品的保护措施。狭义的包装仅指包装商品的容器，广义的包装既包含容器，又包含保护措施，各国对包装的定义如表1-1所示。

表1-1　各国对包装的定义

国家	定义
美国	包装是实现产品运送、流通、交易、存储与贩卖的整体、系统的准备工作
英国	包装是从艺术和技术科学上为货物的运输和销售所做的准备工作
加拿大	包装是将产品由供应者送到顾客和消费者手中时保持产品于完好状态的工具
日本	包装是追求材料感的容器，将一定技术作用于物品，使物品保持某种便于运输、存储并能维持其商品价值的状态

我国国家标准GB/T 4122.1-1996的解释是，为在流通过程中保护产品，方便储运，促进销售，按一定技术方法而采用的容器、材料及辅助物等的总体名称。也指为了达到上述目的而采用容器、材料和辅助物的过程中施加一定技术方法等的操作活动。

其中包含两层含义：①名词层面，盛装商品的容器、材料及辅助物，即包装物；②动词层面，实施盛装和封缄、包扎等的技术活动。

1. 新形势下包装的内涵

自1996年国家下定义到现在已经20多年，包装的内涵已经发生了变化。我国20

世纪 90 年代连网络都没有，基本处于"产品为王"的年代，所以那时国家对包装的定义仅凸显"保护产品、方便储运、促进销售"3 个基本作用。但这 20 多年的变化非常大，相当于以前上百年的变化：首先是 1997 年我国有了第一封电子邮件，标志着进入了网络时代，然后开始电子商务；几年前手机端上网用户超过了 PC 端，加上云计算、大数据、物联网、智能化等技术的兴起及经济的高速发展，包装的内涵与外延已大有不同。

　　劳特朋的"4C"营销理论已经代替麦卡锡的"4P"营销理论占据首要地位，即从以产品（Product）为中心转变为以用户（Customer）为中心。随着技术的日益进步，产品同质化现象也日益严重，并且人们生活富裕后已不再满足于物质层面的需求，所以在保证产品质量的基础上更需要满足人们心理层面的需求。为什么更多人愿意喝 200 多元新包装的青花瓷红星二锅头而非 5 元一瓶的老包装（见图 1-8）？其中的一大原因正是因为前者更多的是代表"文化"而不是酒。对于心理需求，产品能提供一些支撑，但更多的是依靠附加值来提供，以包装为载体来体现。除了包装产品外，包装设计还涉及包装品牌或重塑品牌。在成功案例的影响下，刮起过一阵"青花瓷"风，酒包装中出现了蓝花瓷、红花瓷等包装，各种设计都加入了青花瓷元素，甚至还影响了流行歌曲；另外，网络语言也是满足消费者心理需求的一个重要方面，因此越来越多的网络语言开始出现在零食、饮料等包装上，如图 1-9 所示。

图 1-8　红星二锅头新老包装对比　　　　　图 1-9　可口可乐昵称瓶包装

　　所以，包装可以与广告一起传达商品文化，满足人们吃饱穿暖后的精神需求。同时，包装也是品牌形象延伸的重要载体，既能提升企业形象，又能增加商品附加值。

　　另外，网络时代更注重互动性，体现在设计上就是要注重"用户体验"。除了原有的便于携带、便于悬挂展示、便于使用外，还有以下几点需要注意。

　　第一，站在用户的立场设计，体现更加细致入微的关怀。以前吃罐头要用刀撬，费时费力还不卫生，现在的罐头包装设计了拉环，很容易就打开了。干果卖了那么多年，包装设计主要在注重防潮、促销方面，完全符合国家 1996 年对包装的定义，但干果电商"三只松鼠"则在此基础上更注重用户体验。收到包裹一般都开箱困难？不怕，有"开箱神器"；干果吃不完会受潮？不怕，有防潮夹。有些坚果很难剥开？不怕，有剥壳器。果壳无处丢？不怕，有垃圾袋。吃完后会脏手？不怕，有湿纸巾。此外，还有试吃装、回执卡及其他辅助品。同时还会附上一封感谢信，称买家为"主人"，让买家感觉很开心。对用户的关怀细致入微，并且包装风格也很"萌"，让人觉得很亲切，体现了以用户为中心且把"用户体验"做到极致的主旨，如图 1-10 所示。电商时代，物流包装需求量大，但商家打包耗时、买家开箱麻烦，"一撕得"拉链纸箱完美解决了这个问题，如图 1-11 所示。商家或用户不需要用胶带纸或开箱工具，只需 3 秒钟即可完成封箱或开箱，大大节约了时间，提升了用户体验，改变了快递纸箱不环保、体验差、效率低的现状，符合时代的发展。

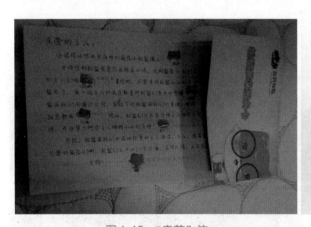

图 1-10 "卖萌"信　　　　　　　　　图 1-11 "一撕得"拉链纸箱

　　第二，开启仪式感，一般用于高端产品或礼品包装。人们在重要的场合总要有一定的仪式感。现代虽然很多仪式都没有或淡化了，但有些场合还是需要有一些仪式的，如升旗、婚庆等。此外，对于定位高端的产品也可以在包装上加入有仪式感的元素。或许有人会问："仪式感到底有什么用？"举个例子，平时吃饭很随便，甚至一碗泡面就可以解决，但年夜饭却要经过很久的准备，并且要在全家人大扫除、祭祖后一起吃，虽然在填饱肚子上没什么不同，后者甚至更烦琐，但意义却完全不一样。正如《小王子》里说的：仪式感就是使今日与其他日子不同，使此时与其他时刻不同！所以，要提升商品的附加值，可以在设计包装开启时加入一些仪式感，使人心理上产生一种特别的意义。

例如，蜂蜜包装一般都是蜂巢、蜜蜂、花等元素，但"掌生穀粒"的设计师重新诠释了食品包装外观上的细腻感，包装形式和结构传达的是"打开包装仿佛是在进行一场庆祝仪式"，如图 1-12 和图 1-13 所示。又如，某果酒以吃水果之前需削皮为创意切入点设计包装，打开之前模拟削果皮的动作，最后才露出常见的瓶贴。有了剥皮的仪式，使得果酒在心理上的味道大大不同，如图 1-14 所示。当然，最经典的还是苹果手机的包装，苹果手机不仅是智能手机的标杆，在手机包装上也引得同行竞相跟风，在拆包装的仪式感方面也可圈可点：同样是天地盖，但一改过去开缺口的做法，变成提着盒盖，让盒身以适当的阻力慢慢下落，使人产生一种期待，强化"这手机从此属于我了"的特殊时刻，如图 1-15 所示。

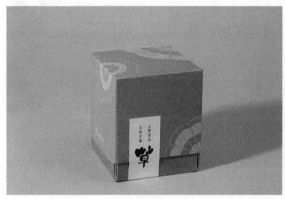

图 1-12　掌生穀粒蜂蜜包装

图 1-13　打开掌生穀粒蜂蜜包装的仪式感

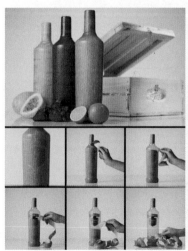

图 1-14　某果酒包装

图 1-15　苹果手机包装

第三，有把玩或游戏互动的体验。例如，图1-16所示的手提袋设计加入了跳绳的元素就特别有游戏感，无论是放下还是提起，跳绳无处不在；图1-17所示的药品包装也非常有趣——抠取药片的过程仿佛是在打猎或打靶。

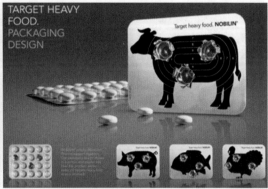

图1-16　手提袋提绳设计　　　　　　　　图1-17　助消化药片包装

设计以人为本是大势所趋，所以现在包装的定义可以这样描述：包装是在商品流通过程中，为了保护产品、方便储运、促进销售、塑造品牌，按一定技术方法而采用的容器、材料、辅助物，以及在此过程中施加一定技术方法等操作活动的总体名称。

2. 包装设计的目的及原则

在当今商业社会，一个包装需要投入很多资金，但这些都属于投资，要的是数十倍甚至上百倍的回报。因此，包装设计的目的不仅是保护商品，更是传播商业品牌价值、提升用户体验。

国家对商品包装的要求是"科学、经济、牢固、美观、适销"，要适应商品特性，适应运输条件，达到标准化、通用化、系列化，下面详细介绍这5点要求。

（1）科学是指包装设计必须首先考虑包装的功能，达到保护产品、提供方便的目的，即前面所说的"对的包装"。

（2）经济则要求包装设计必须做到以最少的财力、物力、人力和时间来获得最大的经济效益。这就要求包装设计有利于机械化的大批量生产；有利于自动化的操作和管理；有利于降低材料消耗和节约能源；有利于提高工作效率；有利于提高产品竞争力。在商品生产、仓储、物流、销售等各个流通环节达到最优化。

（3）牢固要求包装设计能够保护产品，使产品在各个流通环节上不被损坏、污染或遗失。这就要求对被包装物进行科学的分析，采用合理的包装方法和材料，并进行可靠的结构设计，甚至还要进行一些特殊的处理。

（4）美观即前面所说的"美的包装"。包装设计必须在"科学"的基础上，创造出生动、完美、健康、和谐的造型设计与装潢设计，从而激发人们的购买欲望，美化人们的生活，培养人们健康、高尚的审美情趣。

（5）适销即达到扩大销售和产生，创造更多经济价值的目的，这无疑是企业最直接的目的。

设计是"戴着枷锁跳舞"，包装设计也不例外，以上 5 个要求是密切相关的，不能忽视其中的任何一个。在满足包装设计的科学、牢固要求时，不能忘记包装设计的经济效益和社会效益；在提高包装设计的经济效益时又不能单纯地追求利润，还要考虑到包装对人们的生活所带来的影响，如对环境和对人们心理所造成的影响等；在考虑包装设计的美观时，除了使包装造型和装潢满足包装功能的需要外，还要照顾到人们现有的欣赏水平、习俗、爱好及禁忌。只有五者有机结合，才能设计出既对又美、既经济又适销的包装。

3. 包装的类别

现代产品种类繁多，包装形式也多种多样，不同的部门或行业对包装分类的目的和要求都不一样。根据分类标准的不同，常见的商品包装分类方法有以下几种。

（1）按在流通中的作用可分为运输包装与销售包装。运输包装也称物流包装，是用于运输、仓储的包装形式，主要起保护作用，一般体积较大，如集装箱、纸箱、木箱等（图 1-18），电商时代的快递包装也属此类。销售包装是指以一个或若干个商品为销售单元摆在货架上的包装，主要起直接保护商品、宣传和促销的作用（图 1-19）。

图 1-18　集装箱

图 1-19　茶叶包装

（2）按包装材料可分为纸制包装、玻璃包装、陶瓷包装、木制包装、金属包装、塑料包装、纤维制品包装、复合材料包装等。

纸制包装是指以纸及纸板为原料制成的包装，由于其成型容易、环保可回收等优点，在包装材料中占有重要地位（图1-20）。

木制包装是自然材料，富有生命之感，一般用于洋酒包装。因天然木材生长缓慢、资源有限，因此需要有计划地使用（图1-21）。

图1-20　纸制包装　　　　　　　　　　　图1-21　木制包装

塑料包装的经济优势和环保劣势冲突明显，甚至"禁塑令"都无法执行，最后只得废除。这道难题不是设计师一人能解决的，只能由科学家、消费者、生产商、设计师共同提高环保意识，限量使用（图1-22）。

金属包装主要是指由白铁皮、黑铁皮、马口铁、铝合金等制成的各种包装，如金属盒、金属罐、金属瓶等（图1-23）。

图1-22　塑料包装　　　　　　　　　　　图1-23　金属包装

玻璃包装的主要化学成分是硅酸盐，由于其化学稳定性好，比较适合液体包装（图1-24）。陶瓷是陶器和瓷器的总称，由黏土烧制而成，属于自然环保材料，适合传达具有生命感、历史感的产品（图 1-25）。

图 1-24　玻璃包装　　　　　　　　　　图 1-25　陶瓷包装

　　纤维包装是指用棉麻丝毛等纺织而成的包装，主要以袋子的形式出现（图 1-26）。
而复合材料包装是指由两种以上的材料通过涂料、裱贴黏合而成的包装（图 1-27）。

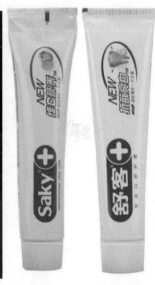

图 1-26　纤维包装　　　　　　　　　　图 1-27　复合材料包装

　　（3）按商品流通的功能可分为大包装、中包装、个包装。大包装即运输包装或外包装，设计时须注明产品名称、规格、数量、出厂日期等，再加上必要的符号和文字（如小心轻放、请勿倒置、堆码层数极限、防潮、有毒、防火等）即可，如一盒糖的包装；中包装又称批发包装，这种包装的目的是将产品予以整理，如一袋糖的包装；个包装又称小包装或内包装，方便陈列和携带，如一颗糖的包装。

（4）以包装容器的形状可分为箱、桶、袋、包、筐、捆、坛、罐、缸、瓶等。

（5）以包装货物的种类可分为食品（图1-28）、医药（图1-29）、轻工产品、针棉织品、家用电器、机电产品和果菜类包装等。

图1-28　食品包装

图1-29　药品包装

（6）按销售市场可分为内销商品包装和外销商品包装，需根据销售区域设计符合国情的包装。需要注意的是，包装上都是中文的不一定是国产商品，包装上没有中文的也不一定就是进口商品，因为那是根据销售区域设计的包装，看出产地一定要看包装上的条形码，具地查看方法会在第2章进行介绍。

（7）根据包装风格可分为怀旧包装、传统包装、情趣包装和卡通包装等。

主题 **03**

包装的发展历程及趋势

其实在人工包装之前就有很多天然包装，如豌豆荚与豌豆、鸡蛋壳与蛋清蛋黄、大气层与地球等（图 1-30 和图 1-31），均起到了保护与美化功能，达到了"最好的包装就是没有包装"的包装设计最高境界。这里说的"没有包装"是指一眼分辨不出包装与产品，包装与产品几乎融为一体、不可分割，并且环保、适量、符合需求。因此，包装设计师需要师法自然，多从自然包装中悟出包装设计的真谛（图 1-32 和图 1-33）。

图 1-30 天然包装 1

图 1-31 天然包装 2

图 1-32 仿生包装 1

图 1-33 仿生包装 2

随着生产力的提高、科学技术的进步和文化艺术的发展，人工包装经历了漫长的演变过程。从包装的演变过程中，能清晰地看出人类文明发展的足迹。包装设计作为人类文明的一种文化形态，了解它的发展与演变，对今天的包装设计工作具有非常现实的意义。下面归纳了包装设计的几个不同发展阶段。

1. 天然包装材料

在原始社会，人们运用智慧，因地制宜，从自然环境中发现了许多天然包装材料，如木、藤、草、叶、竹、茎、壳、皮、毛等。运用这些天然材料，会给人一种自然朴实的感觉。例如，至今犹存的竹筒饭、粽子、叶儿粑等，都是用天然材料包装，做出的食品既好吃又方便储存（图1-34和图1-35）。虽然这一阶段的包装还称不上真正意义上的包装，但已经是包装的萌芽了。

图1-34　竹筒饭　　　　　　　　　　　　图1-35　粽子

通过对天然材料进行加工，渐渐发展出了形式与功能相结合的包装形式，如竹编、藤编、锦盒等（图1-36和图1-37）。古人通过掌握天然材料的特性将之合理、科学地应用于包装设计中，对于今天的包装设计具有很大的启迪和借鉴作用。

图1-36　竹编包装　　　　　　　　　　　图1-37　锦盒

2. 追求美感的包装容器

容器虽不是真正意义上的包装，但它具备了包装的一些基本功能，如保护产品、方便储运等。而且容器的发展历史相当悠久，它对包装的产生也起到了推动作用，常用的容器主要有陶器、青铜器、漆器、瓷器等，下面分别进行介绍。

（1）陶器。原始社会后期，生产力发展，于是出现了陶器（图 1-38），与天然材料相比，陶器的防虫、防腐功能及耐用性都大大提升，并且随后在人们对原始图腾的崇拜心理下被装饰得越来越美观，充分反映了古代人对造型语言和形式美的追求与探索（图 1-39）。由于陶器成本低、可塑性强及造型精美，因此也是现代包装行业中一种十分常见且重要的包装材料，被广泛运用于酒类、食品及化工行业。

图 1-38　马桥文化陶罐　　　　　　　图 1-39　半坡文化人面网纹盆

（2）青铜器。早在商代的时候，青铜器就已在贵族中被普遍使用。青铜器的造型与用途都丰富多样，作为容器的有烹饪器、食器、酒器、水器等（图 1-40 和图 1-41）。青铜器的创造体现了古代人对制造工艺和装饰美学法则的掌握。三条足的鼎，形成了极强的稳定感；觥的修长而富有节奏感的造型，像一枝含苞待放的花朵。在装饰上除平面纹样外，还出现了很多立体雕塑装饰，如把盖的纽做成鸟形、把觥的盖做成双角兽形等，大大丰富了青铜器的造型。

图1-40　簋（食器）　　　　　　　　　图1-41　匜（水器）

（3）漆器。早在河姆渡时期就出现了漆器，商周时代的漆器工艺已经具有了相当高的水平，到汉晋时代，漆器更是绚丽无比（图1-42），现代一般有化妆盒、食品盒等（图1-43）。由于漆器造价高昂，一般人用不起，因此瓷器出现之后，漆器就慢慢地退居二线了，但在日本却得到了长足发展，甚至以漆器的英文单词"Japan"作为日本的英文名。另外，它对欧洲文化也产生了影响，如现代设计大师让·杜南的作品就受到了它的影响。

图1-42　汉代漆器耳杯　　　　　　　　图1-43　现代漆盒

（4）瓷器。英文中以瓷器单词"China"作为中国的英文名，足见在外国人眼中瓷器是中国最具代表性的工艺品。瓷器因其造价低、隔热保温效果好，逐渐成为中国容器领域的主角。在中国的历史发展中，应用面之广、历史之悠久、影响力之大都是其他种类的容器无可比拟的（图1-44）。直至今日，瓷器除了作为工艺品、日用品外，还是一种常用的具有民族传统风格的包装形式，如白酒、中药的包装等（图1-45）。

图 1-44　定窑瓷盒　　　　　　　　　　图 1-45　瓷器包装

此外，石器、金银器、玉器、木器、琉璃等都曾作为容器使用。不同的文明会存在相似的经历，但都有其独特的一面。例如，古埃及人最早熔铸或吹制玻璃器皿；古希腊人非常擅长使用石材；古代欧洲有广袤的森林，很擅长使用木材，很早就用木板箍桶来酿酒。

3. 包装促销功能的体现

有了劳动产品的剩余，就有了商业交换活动。商业的发展带来了竞争，商人们为了维护自家产品的信誉，促成了商标和包装等形式的出现和发展。"买椟还珠"的故事从侧面说明了当时商人对包装的重视，以及当时的包装设计对消费者的吸引力。

但真正推动包装促销功能的是造纸术和印刷术的出现。纸出现后，逐渐替代了以往成本昂贵的绢、锦等包装材料，被广泛运用到食品、药品、盐等物品的包装中，某些包装方法更是沿用至今（图 1-46）。另外，人们在造纸技艺上不断改进，如造纸时加上红色染料，制成象征吉祥喜庆的红色包装纸；加上蜡则制成有防油、防潮功能的包装纸等（图 1-47）。

图1-46　茶饼包装

图1-47　糕点包装

印刷术也被运用到了包装设计中，比如在包装纸上印上商号、宣传语和吉祥图案已相当普遍。我国现存最早的印刷品包装资料是北宋时期山东济南刘家针铺的包装纸（图1-48），其图形鲜明、文字简洁易记，已经具备了现代包装的基本功能，尤其是体现出了明确的促销功能。另外，这一时期的包装已采用了透气、防潮等技术，从造型上看，已具有对称均衡、变化统一等美学规律。

图1-48　刘家针铺的包装纸

4. 包装产业化的形成

虽然印刷术促进了包装的促销功能，但之后的几百年都没有大的发展，直到英国工业革命之后，包装才又一次迎来改革。工业革命出现了火车、轮船等交通工具，使商品流通的范围扩大到全世界。在这种情形下，包装必须形成产业化才能满足流通的需要及适应销售方式的日渐变化。

瓦楞纸重量轻、成本低，具有良好的保护性，不仅易成型，而且可折叠，仓储运输成本都很低，颠覆了木箱的霸主地位（图 1-49）。并且机器化的大生产逐步取代了手工作坊，包装机械的应用使包装更加标准化和规范化，各国还相继制定了包装工业标准，以便于包装在生产流通的各环节中的操作。现在的包装产业在各工业化国家中已发展成为集包装材料、包装机械、包装生产和包装设计为一体的包装产业。

新材料、新技术与新理念不断推动营销与包装的发展。继天然材料、陶瓷、纸张后，又出现了金属、玻璃、塑料、玻璃纸等包装材料（图 1-50），这一时期的包装更注重视觉美感，出现了丰富的设计表现形式。第二次世界大战前，美国出现了超市，转变了销售模式，由人工推销转为货架推销，顾客只能从包装上获取信息，包装成了"无声的推销员"，越来越影响人们的购买决策，这就更刺激了包装产业的发展。再后来，企业形象或品牌形象营销理念兴起，包装更是肩负着展示企业形象、宣传品牌价值的任务，这个时期出现了包装的系列化设计，在设计中既要保证视觉形象的统一性，又要保持一定的变化空间（图 1-51）。当前，随着网络的发展，用户体验设计日益突出，如前所述，在包装中也需要更加突出用户体验。如图 1-52 所示的药水包装，采用转向喷头设计，既避免了传统药水用棉签涂药的麻烦，也避免了一般喷头喷不准位置的弊端，用户体验做得相当好。

目前在美国，包装业已成为第三大产业，在国民经济中所占的比重逐年增加，我国也必然会由包装大国逐渐成为包装强国。

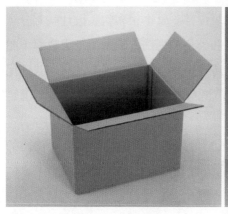

图 1-49　瓦楞纸箱　　　　　　　　图 1-50　可口可乐包装的演进过程

图 1-51 系列包装   图 1-52 提升用户体验的药水包装

5. 未来包装的趋势

随着科技的快速发展，市场竞争日益激烈，经济与资源矛盾日益突出，全球化与地域化之争从未停止，包装产业未来将何去何从？目前发展包装、保护环境、促进包装行业可持续发展、促进人与自然生态环境的和谐，已成为人类共同面临的问题，要解决这些问题，可以从以下几方面考虑。

（1）个性化设计。全球化不等于抹杀个性，若全球的包装都一个模样，那将是多么乏味的事！现代建筑就曾造成全球建筑一个样的后果，所以必须保持设计的地域特色，体现一个民族的个性设计文化。费孝通的"各美其美，美人之美，美美与共，天下大同"这一处理不同文化关系的十六字箴言同样适用于包装设计。日本很多包装设计就充分运用了现代的包装材料与技术，同时加入了民族符号和大量的书法，地域特色很浓厚（图1-53）。当然，每个企业或品牌的包装不仅要避免同质化，而且要凸显个性化、差异化（图1-54）。甚至对于每个人的需求都要考虑，当下流行私人定制设计，其实也是满足个性化设计需求的体现。

（2）人性化设计。设计以人为主体，围绕着人们的思想、情绪、个性及对功能的需求重新审视、重新构造、重新定义，使其更具有人性化意义。前面提到的"用户体验"设计其实就是人性化设计，对于消费者来说，人性化包装显得更为友好、亲切（图1-55）。

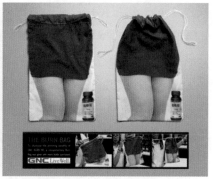

图 1-53　地域化包装　　　　图 1-54　个性化包装　　　　图 1-55　人性化包装

（3）保护环境的绿色设计。到了 20 世纪六七十年代，人们就意识到现代生产方式严重地消耗了自然资源，造成了污染与浪费，并且千篇一律，缺乏地域性和民族性。在绿色设计上，包装行业内掀起了"3R1D 设计"的潮流，即"Reduce、Reuse、Recycle、Degradable"四大标准。Reduce（轻量包装）要求杜绝过度包装与过分包装。例如，国家现在已通过政策对月饼包装的各个方面进行规范，既限制了天价月饼，又节约了资源。又如，康师傅矿泉水也将塑料瓶厚度降低，减少了污染（图 1-56）。在 Reuse（包装容器回收再利用）方面，啤酒包装做得较好，可以大大节约资源。Recycle（包装材料的循环再利用）要求循环利用资源，如回收废纸可生产出再生纸。Degradable（使用可降解材料）也是一种有效的环保方式，因为白色污染无法降解，所以在设计包装时要尽量考虑使用可降解材料。

图 1-56　轻量包装

（4）电子商务的包装设计。人们越来越习惯网上购物，针对电子商务设计销售包装必将成为 21 世纪设计师们的新课题。电子商务带动物流，物流包装也带来很多问题，如资源消耗与污染严重、封装及拆包不便、运输过程中的物品损坏等，在包装材料、技术成本和销售包装方面都需要进一步提升。

（5）防伪包装的设计。"山寨"已在我国形成气候，特别是某些小城市更是仿制名牌成风，如何防伪已成为现代包装产业的一大难题。包装设计创新与融合高科技成果的印刷技术相结合，将是未来包装发展的又一方向。

（6）智能包装的设计。智能包装主要指通过云计算、移动互联网、物联网等技术，实现在产品包装上使用二维码、AR 增强现实（图像识别）、隐形水印、数字水印、点阵技术、RFID 电子标签等对产品的信息进行采集，进而构建智慧物联大数据平台，实现产品防伪、追溯、移动营销、品牌宣传等功能。人工智能在包装行业主要体现在三个方面：一是智能机器人代替人工，当今很多低技能的生产工人已经被机器人替代，未来必将淘汰更多的工人，传统包装生产厂的大量工人也必将被机器人淘汰，甚至快递员也将被无人机替代；二是智能化包装材料，如通过包装的颜色可以看到食品品质信息；三是"无人超市"的实现大都与智能包装有关（图 1-57）。

图 1-57 无人超市

主题 **04**

包装的功能

　　包装几乎伴随了商品从生产到使用的全过程。在从厂家运送到卖场的过程中，包装的主要作用是保证商品安全，即前面讲的运输包装，主要体现其保护功能；然后在购买过程中，包装的主要功能是传递信息、促进销售，主要体现其商业功能；到达用户手中时，包装需方便携带、方便使用，能提供给用户良好的使用体验。包装已成为产品的一个重要组成部分，具有很多强大的功能，具体可归纳为以下五种。

1. 物理功能

　　物理功能即包装的保护功能，是包装中最基本的功能，无论在商品流通的任何阶段都需要重视。保护功能不仅可以在运输过程中保护商品，使商品不易产生质量和数量上的损失，如包装的防震、防潮、防盗、防霉、防虫等功能；而且可以给企业带来效益，并给消费者带来安全感。例如，玻璃杯是易碎品，图 1-58 所示的缓冲包装就能防震，防止玻璃杯在运输仓储的过程中被损坏；又如，有些食品怕氧化变质，于是用真空包装，如图 1-59 所示。

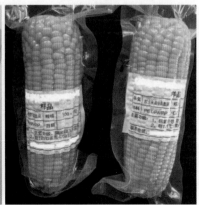

图 1-58　缓冲包装　　　　　　　　　图 1-59　真空包装

2. 生理功能

科学的包装既利于使用，又能提升用户体验，应符合方便携带、方便开启、方便使用、方便搬运、方便陈列销售等条件。例如，图 1-60 所示的速食紫菜汤包装，将调料包和油包一体化设计，既节省了材料又节省了使用者的时间，而且边缘锯齿设计非常容易撕开。又如，图 1-61 所示的口香糖包装将盖子与瓶子连在一起，不仅杜绝了丢失盖子的可能，而且更加卫生：开瓶只需拇指一拨，关盖只需拇指一压即可。

图 1-60　速食紫菜包装　　　　　　　　　图 1-61　口香糖包装

3. 心理功能

人在吃饱喝足后就有精神上的需求，包装除了有物质方面的功能外，还有精神方面的功能，如审美功能、联想功能和象征功能等，是现代社会对包装功能的一种提升，可用包装的形态、色彩、材质等来表现。例如，在食品包装上，大多数人看到红色就想到辣味，看到棕色就想到咖啡味。又如，图 1-62 所示的牛皮纸和绳子，加上手写体文字，就容易使人联想到生态产品。需要强调的是，品牌的魔力也是一种心理功能，当一个品牌成功后，消费者就会有"这个品牌下的所有产品都值得信赖"的心理，正如叶茂中所说："若一个人在这棵树上摘下一个果子是甜的，他就相信这个树上的果子都是甜的。"加多宝在人们印象中是红罐包装，与王老吉争斗几次后不得已改为金罐，但会让很多人感觉不是原来的味道；红牛在人们心目中就应该是金罐，曾推出过蓝色包装，结果铩羽而归（图 1-63）。所以新包装是有风险的，虽然有成功案例，但更多的是失败案例，不要轻易地认为新包装必定就是受欢迎的，包装的心理功能不可小觑。

图1-62　有机米包装

图1-63　红牛新老包装

4. 商业功能

在卖场里，琳琅满目的产品都有包装，有的以透明包装展示自己的妩媚，挑逗消费者的视觉神经；有的半遮半掩，让消费者产生一种想一探究竟的欲望（图1-64）；要么采用加量不加价、节日特惠、买一赠一等方式（图1-65），让消费者自甘加入"剁手党"；还有的将电视里的一些卡通形象用在包装上，让小孩非买不可……

包装提高了商品的整体形象，可以直接刺激消费者的购买欲望，使其产生购买行为，同时还起到了宣传的效果，力求使商品取得最大经济效益。

图1-64　2009 pentawards 金奖：耳塞包装　　　　图1-65　促销包装

5. 社会功能

　　包装的社会功能主要体现在低碳节能、文化传递等方面。资源是有限的，成本是需要控制的，设计包装时需要参照前面说的"3R1D"原则，从各个方面节约资源、减少污染。优秀的包装能将物质文化及非物质文化融入进去，以包装为载体传达给社会，不但塑造了良好的品牌形象，更增加了商品的文化价值，提升了商品的附加值。在礼品包装上，文化传递功能更加突出（图1-66），也就是前面所说的消费的是文化而非商品本身，如舍得酒、江小白、二锅头的青花瓷包装等。另外，有些知名公司（如可口可乐、依云矿泉水等）还会每年花重金请知名设计师设计纪念版包装，引得很多人竞相收藏（图1-67）。

图 1-66　牛仔裤包装　　　　　　　　　图 1-67　依云霓裳纪念版包装

> ### 学习小结及实践
>
> 　　产品经过包装之后方能变成商品，广义的包装是指一切包裹物品的容器或手段，狭义的包装是指用于商品流通而采取的容器和技术手段。
>
> 　　包装的基本功能是保护产品，随着历史的发展，其内涵与外延也在不断变化。印刷术出现后，包装出现了传递信息的作用；工业革命以后，出现了新的

包装材料和工艺。当前，包装是整合营销的一部分，在塑造或重塑品牌的同时又强调了用户体验功能，主要表现如下。

（1）包装既是终极广告，又是另类媒体。

（2）包装的发展趋势有个性化设计、人性化设计、低碳环保设计、电子商务设计、阶伪设计和智能化设计。

（3）包装设计需要考虑物理功能、生理功能、心理功能、商业功能和社会功能。

实践

去超市或商场等购物场所观察包装设计。

（1）记录下 30 秒内，给你留下最深印象的是哪款包装？

（2）选择一个产品，比较分析同类产品包装效果哪个最好？哪个最差？并进行分析。

第2章
包装设计必备基础

作为商业设计师，必须要明确自己从事的行业不是纯粹的艺术，而是以市场为切入点提高商品的竞争能力，以销售业绩作为衡量成败的标准。包装设计是一门边缘学科，涉及营销、广告、美学、材料、工艺、结构、传播、心理等多个学科，因此必须掌握与之相关的必要知识，在设计过程中要与企业紧密联系，以解决产品包装设计在销售过程中产生的各种问题。这里以包装设计流程为主线，剖析整个流程中各个环节的设计要点。

主题 **01**

包装设计流程

包装设计的目标是解决企业市场营销方面的问题，具体来说就是推销产品与宣传企业形象。要做到这一点，就要有科学的方法与程序。设计的过程就是解决问题的过程，包括对问题的了解与分析、方法的提出与优化等，包装的设计流程主要包括初期沟通阶段、委托设计阶段、策划阶段、实施阶段、生产阶段等，如图 2-1 所示。

下面就对这一流程进行详细讲解。

1. **市场调查及品牌诊断**

包装设计的品牌载体功能越来越强，如果仅仅需要一个保护物品的包装，那么快递箱就能完成。但人们在卖场里看到的是包装而不是产品，

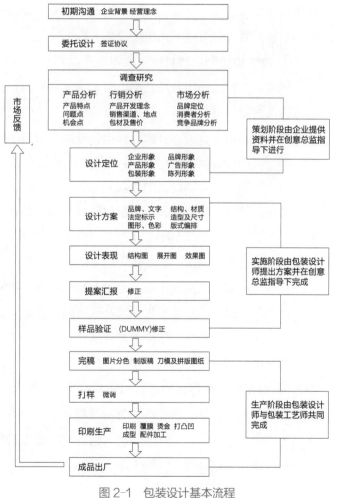

图 2-1　包装设计基本流程

那么如何体现出良好的货架印象和用户体验呢？这就需要进行深入的市场调查，进行品牌诊断，避免同质化，另辟蹊径，找出一条适合的、可行的路子。

（1）初期沟通。企业在设计包装时需要与设计师沟通。在沟通过程中，客户需要给设计师提供公司的背景、企业文化、经营理念等相关信息，双方就包装设计任务展开讨论。若双方达成合作意向，则签订包装设计委托合同，客户支付合同总款的30%~40%作为设计预付款，设计工作开始。

（2）制订市场调研计划。在包装设计的各个阶段，市场调研与设计定位都有着非常重要的作用，它们是完成一个好的包装设计的前提。了解包装设计的整个流程，是必需而且必要的，这是进行包装设计的基础。而市场调研是设计的前提，离开了市场调研，包装设计的结果只能是无源之水、无本之木，最终与消费者的需求大相径庭，不能满足市场的需要。所以，市场调研是包装设计中最重要的一个环节。

市场调研可分为以下几个阶段来进行。

① 确定市场调研的目的。要根据产品与包装营销方面的性质来确定市场调研的目的。例如，有的产品包装是新推出的，这就需要以相关市场的潜力、产品包装成功推出的可能性为目的进行调研；又如，有的企业只是对已有产品包装进行改良或扩展，那就要以改良的原因、方向、方法与成功的可能性为目的进行调研。

② 选定市场调研对象与内容。在调研对象方面，一般采取抽样方式，根据产品的性质，在将来可能的消费者中选取一定的人群进行调研。在调研的内容方面，则根据产品、市场的特点、经费及其他方面的限制，确定与包装设计相关的调研条目。一般可以分为3个方面：一是市场的基本情况，如市场的特点与潜力、竞争对手与同类产品等；二是消费者的基本情况，如消费者的年龄、经济收入、文化教育等方面；三是市场相关产品与自身产品（已投放市场）的基本情况，包括品牌情况与知名度、好感度、信任度，以及产品的价格、质量、销售方式及包装的优劣等方面。

（3）实施市场调研。进行市场调研有许多方法，由于时间和经费的原因，只能选择一些具有可操作性的方法进行调研。最常见的调研方法是设计一种特定的调研表格（问卷），在特定的消费群体中进行问答式或填表式调研。目前在线问卷不用打印回收，且能即时统计结果，是比较经济快速的问卷方式。当然，也可以采取主动观察、访谈的方法进行调研，这主要从设计的角度对包装在市场上的情况，包括竞争对象、销售环境等方面进行研究观察、收集资料（图2-2）。

熙御园糕点包装设计调查问卷

您好，为了提高包装设计品质，给您提供更好的糕点体验，特邀您参与本次关于包装设计的问卷调查，请选择您认为最合适的选项，感谢您的合作。

1. 您的性别是
〇男　〇女

2. 您的年龄是
〇 18 岁以下　〇 19~25 岁　〇 25~35 岁　〇 36~50 岁　〇 50 岁以上

3. 您的职业是
〇学生　〇工人　〇公务员　〇教师　〇自由职业者　〇退休　〇商人　〇其他

4. 您的月收入是
〇 2000 元以下　〇 2001~5000 元　〇 5001~9999 元　〇 10000 元以上

5. 您为什么愿意购买此品牌的糕点产品？
〇品牌　〇包装　〇口感　〇价格

6. 您在购买糕点时是否看重包装？
〇会　〇不会　〇看情况，比如送礼时会看重

7. 如果您在乎糕点包装，那么您喜欢什么样的包装风格？
〇传统稳重　〇时尚清新　〇民族特色　〇国际化　〇朴素自然

8. 好的包装，价钱肯定会比较高，您能接受吗？
〇能　〇不能　〇看情况，比如送礼时能接受

9. 您购买糕点时，会考虑包装的哪些因素？
〇颜色　〇质感　〇风格

10. 您希望外包装材质是？
〇纸制　〇布料　〇木质　〇塑料　〇多种材质组合

11. 您希望包装装潢的主要字体是？
〇典雅秀美　〇温馨宜人　〇趣味可爱　〇华丽高贵

12. 您希望外包装上的图案是？
〇手绘型　〇装饰型　〇摄影型　〇抽象型

13. 您喜欢哪种类型的糕点外包装？
〇封闭式　〇半封闭式　〇全透明　〇镂空

14. 您希望糕点包装的整体颜色是？
〇柔和淡雅　〇鲜艳奔放　〇历史厚重

15. 您希望在吃完糕点后，包装有其他用途吗？
〇希望　〇不希望

16. 您喜欢包装盒是系列化包装吗？比如成套风景系列包装。
〇喜欢　〇不喜欢　〇无所谓

17. 您会因为特别喜欢某款包装而购买糕点吗？
〇会　〇不会

18. "熙御园"在市场上知名度如何？
〇听说过　〇没听说过　〇比较熟悉

19. 您认为目前熙御园的包装存在什么问题？
〇色彩不唯美　〇标志不大气　〇创意不新颖　〇品牌精神不到位

20. 您对熙御园糕点包装有什么建议吗？

图 2-2　糕点包装调查问卷

（4）总结市场调研结果。诊断品牌的市场表现、价值传递和竞争力，不仅需要诊断其产品的各个要素，还需要诊断产品包装的美感、购买的方便性等因素。通过市场调研，多方面地收集产品包装设计所涉及的市场、消费者群体等方面的信息，根据需要写出调研报告，对调研内容进行客观的整理、归纳，并提出设计中所要解决的问题和解决方法，为下一步的创意设计做准备。

2. 设计定位

在经过市场调查、了解市场情况之后，设计者要对调查得来的材料进行综合性的分析，提出商品包装设计的初步设想和想要表现的内容。其实就是厘清"谁卖？卖什么？卖给谁？怎么卖？"等几大问题，梳理出交流和调研的信息，填写类似表 2-1 所示的《包装设计任务单》，其中包括要使商品包装设计达到什么样的效果、应当采取哪些具体措施，以及使用什么材料、采用什么造型与结构等，以便与企业商定。

表 2-1　产品包装设计任务单

编号：				年　　　月　　　日			
产品名称		委托单位					
产品规格		商品诉求点					
产品卖点		主要竞争对手					
销售渠道		设计概念					
需设计的物件		包装样式					
包装上的主要文字		日程安排		方案提出	方案定稿	打样	销售上市
其他要求		备注					
			设计师：				

可从企业形象、产品形象、品牌形象、广告形象切入来设计包装形象及货架陈列形象，甚至将这几个形象全都升级改造。从品牌形象分析切入是需要得知同类产品品牌知名度的高低或品牌定位，并需考虑与企业形象设计系统（CIS）相协调；包装形象分析，目的在于了解包装结构、大小、材质、人体工学、装潢信息等；最后，不可忽视的是货架印象分析，因为包装是陈列于货架上的，会与消费者面对面接触，所以尤其要注意包装的颜色、大小、位置、形态、灯光等，在同类商品中是否会引人注目。

在此阶段需注意包装设计的定位问题。设计定位是在经过市场调查、正确把握消费者对产品与包装的需求（内在质量与视觉外观）的基础上，确定信息与形象表现形式的一种设计策略。设计定位的方式有产品定位、品牌定位、消费者定位及其他定位等，下面进行详细讲解。

（1）产品定位。产品定位是指产品在市场上的地位，包括产品的属性、概念、功能、卖点、档次等。包装本身就是一个广告媒介平台，所以在设计包装时，需准确传达产品的概念和利益点，即"卖什么""怎么卖"。产品定位可分为产品类别定位、产品原料或产地定位、产品概念及功能定位和产品档次定位。

① 产品类别定位。设计之前确定产品的风格非常重要，毕竟食品和药品、化妆品和电子产品的调性有较大的区别。例如，儿童产品需活泼，食品需诱人（图2-3），药品需理性（图2-4），等等。

图2-3 水果礼盒　　　　　　　　　图2-4 药品包装

② 产品原料、产地或传说故事定位。有些产品的卖点是真材实料，那么在包装上就可以强调原材料或展示产品（图2-5）。有些地方的特产很有名，那就强调产地（图2-6）。具有历史性意义的著名产品则可以采用传说故事定位，以故事情景的连续出现来打动或诱导消费者。一些欧洲的设计师认为，故事本身具有很强的魅力和历史意义，因此更能打动消费者（图2-7），甚至有些产品会因此杜撰一些故事加在推广软文中。

图2-5 以产品本身定位的包装　　　　　图2-6 以产地定位的包装

③ 产品概念及功能定位。美国的罗瑟·里夫斯提出的"独特销售主张"（USP）理论给了消费者一个明确的利益点，该理论要求必须向受众陈述产品的特点，并且这个特点必须是独特的、能够促进销售的。否则消费者面对一大堆同类产品实在不知如何选择。包装是广告的最后一个环节，所以在包装中必须给消费者一个明确的购买理由（图2-8）。

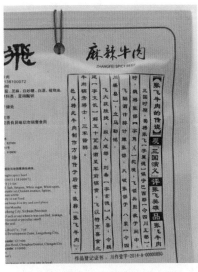

图 2-7　以传说故事定位的包装　　　　图 2-8　以独特卖点定位的包装

④ 产品档次定位。产品档次定位是针对消费者和市场需求来确定的，同样的产品可考虑高中低档次的设计风格（图2-9和图2-10）。

图 2-9　中档包装　　　　　　　　图 2-10　高档包装

（2）品牌定位。向消费者表明"我是谁"，此类方法一般应用在品牌知名度较高、众所周知，且在消费者心中有一席之地的产品包装上，利用品牌的精神效应来赋予消费者一种良好的印象。由于品牌形象本身处于设计的中心，因此在表现方法上有一种以我为主的效应。如果能将品牌的名称含义加以延伸，并做形象化的辅助处理，则更能赋予产品"唯我独尊"的高贵形象（图 2-11）。

（3）消费者定位。以消费者定位，传达的信息是"卖给谁"，主要体现年龄、性别、民族、文化、经济和社会地位等信息。如果有些产品是为某些特定对象服务的，就必须考虑到特定消费者的兴趣和爱好。例如，儿童用品可以用可爱的形象（图 2-12），妇女用品可以用优美图片等。

図 2-11　以品牌定位　　　　　　　　図 2-12　以使用者定位

（4）其他定位。

① 造型定位。有些产品可以利用包装的造型来引起消费者的购买欲望。例如，结婚庆典的喜糖包装可以以"心"为包装造型，比喻心心相印、夫妻白头偕老（图 2-13）。

② 纪念性定位。此类包装是为某种庆典、旅游、文化体育活动等做的特定纪念性设计，有一定的时间性、地域性限制。因此，可以采用具有某种民族传统感的、富有浓郁地方特色的表现形式（图 2-14）。

图 2-13　以造型定位　　　　　　　　图 2-14　纪念品包装

总之，依据产品和市场的具体情况，对于设计的定位还可以有其他战略。不同的设计定位往往在一件包装中会得到综合的体现，但要注意它们之间的主次关系，一个包装应突出一个主要特点。如果包装特点过多，消费者会感到茫然无措，不知道产品的特色到底是什么。

3. 创意设计及提案

创意设计阶段要求设计人员尽可能多地提出设计方案和想法，一般以草稿的形式表现，但要求尽量准确地表现出包装的结构特征、编排方式和主体形象的造型，并经过讨论来确定可实施的创意方案并安排实施，如图2-15所示。

然后制作出彩色电脑图稿，包括展开图及效果图，

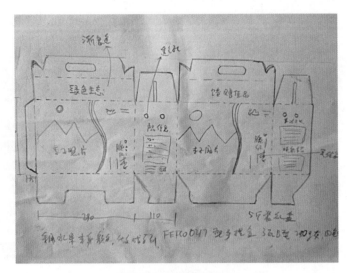

图 2-15　包装设计草图

如图 2-16 和图 2-17 所示，可以将整个设计提案制作成幻灯片，以便与客户进行交流讨论。

图 2-16　包装设计展开图

图 2-17　包装设计效果图

4．打样及批量生产

　　当对设计提案有了进一步共识之后，就可以对设计方案进行修正，修正后可再进行一次提案汇报。然后进行样品验证，按设计提案制作一个样品，并进行结构、尺寸等验证，找出问题并进行调整。与客户一起校稿后可进行打样，因为打样效果最接近产品，所以最好用实际生产的材料工艺打样。如果打样有问题，则需微调结构、尺寸、颜色等，然后重新打样。

　　打样确认后，小批量生产投入市场并收集反馈信息，最后根据反馈信息大批量生产。当然，还要考虑包装配件的设计与加工，这样才能使整体包装相对完美。

主题 **02**

常用包装材料的使用要点

包装材料是商品包装的物质基础，关系到整体功能、经济成本、加工工艺及废弃物处理等多方面的问题，具有重要的作用。包装功能要求包装材料具有五项功能：适当的机械性能，适当的阻隔性能，适当的加工性能，较好的经济性能，良好的安全性能。

每种材料都有一定的特质，只有熟悉材质、善用材质，才能设计出既对又美的包装。

1. 纸

纸在包装材料中占据着第一用材的位置，这与纸所具有的独特优点是分不开的。纸不仅具有容易形成大批量生产、价格低廉的优点，还可以回收利用，不会对环境造成污染。纸具有一定弹力且折叠性能也很好，具有良好的印刷性能，字迹、图案清晰牢固，因此纸包装材料越来越受到人们的重视。纸包装材料可以根据不同的标准进行不同的分类，下面根据纸张的用途，把纸分为平张纸、无菌液体包装用纸、纸板、淋膜纸、标签纸、瓦楞纸及其他包装用纸。

（1）平张纸。平张纸也称平板纸，是将纸按一定的长、宽规格切成一张一张的单张纸，规定 500 张为一令（Ream）。平张纸有基重及规格两个通用参数。基重即基本重量，一般以每平方米纸的重量表示，如 157g/m^2 表示每平方米的纸张重 157g；也有将一令纸的磅数作为基重的，如一令纸重 120P，则表示为 120P/m^2。基重越大，纸张越厚，价格越高；反之，纸张越薄，价格越低。纸张的尺寸很多，比较常用的有正度和大度两种，正度纸为 787mm×1092mm，大度纸为 889mm×1194mm（约 1m^2），其他特度纸有850mm×1168mm、880mm×1230mm 等规格。

平张纸有涂布纸、非涂布纸、特种纸 3 种类型。

涂布纸俗称"铜版纸"，因欧洲用这种纸印刷名画时，晒制所用的是铜板腐蚀的印版，所以称为"铜版纸"。其实没有铜，只是在原纸上刷了一层涂料，涂一面称为"单铜"，涂两面称为"双铜"。铜版纸主要等级及性能如表 2-2 所示。

表 2-2　铜版纸性能及用途

等级名称	每面涂量 （单位：g/㎡）	特点	用途
超级铜版纸	≥ 25	光泽度高，纸面极平滑，印纹非常清晰	高级画册，高级产品包装
特级铜版纸	20	硬度够、纤维长、挺度足	很适合方形盒印刷
铜版纸	≥ 10	平滑不起毛，伸缩性低	最常用，可制作纸袋、纸盒、标贴、小包装等（图 2-18）
轻量涂布纸 （LWC）	6~10	基重 50~75g/㎡，不压光或轻压光	杂志、画刊
微涂纸	4	不压光，基重 35~80g/㎡	杂志
无光铜版纸	0	俗称哑粉纸，不易变形，没有铜版纸鲜艳，但图案比铜版纸更细腻	较高档的画册、封面、包装
压纹铜版纸	10 左右	经过压痕处理，三维效果较好	高级画册封面，具有手感的包装

非涂布纸纸质较粗糙、吸墨性强，但印刷后较为暗沉，效果不及铜版纸，其主要性能及用途如表 2-3 所示。

表 2-3　非涂布纸性能及用途

名称	基重 （单位：g/㎡）	特点	用途
模造纸	45~200	白度佳，吸墨性强，印刷清晰；还有染色的模造纸	广泛用于书写及印刷
压纹模造纸	80~200	经各种压纹处理，质感线条优美	信封、内页、封面、说明书及美术设计等
胶版纸	45~120	纸面平滑，耐折性好，印刷性能好	书刊及低成本小包装
再生纸	80~300	废纸回收抄造，粗犷自然（图2-19），做成书籍有利于保护视力	书写、印刷、包装表面用纸及纸托
牛皮纸	80~200	纤维粗，韧性强	袋类包装（图 2-20）
布纹纸	80~200	各种纹路，质感强	纸袋、标贴等
卡纸板	250~450	属厚型纸，有白地、灰地、各种西卡，可涂布处理	纸盒的理想材料

图 2-18　铜版纸包装盒　　　　　　图 2-19　再生纸适宜表现粗犷生态

特种纸以各种纹理和光泽为主，最常见的特种纸以金属粉或珠光粉涂布处理，一般不适合印刷，常用来裱在硬盒上或陈列于货架上，给人以雅致的视觉感（图 2-21）。特种纸每年都会开发出很多品种，还会预测流行款式，基重为 80~300g/m^2，是制作高档包装的优质材料，但价格昂贵，设计时需考虑成本。

图 2-20　牛皮纸袋　　　　　　　　图 2-21　特种纸裱褙

（2）无菌液体包装用纸。牛奶、饮料等液体对包装要求相当高，目前比较流行的包装有利乐包、康美包、新鲜屋、百利包等几种类型。

利乐包是瑞典利乐公司（Tetra Pak）开发出的一系列用于液体食品的包装产品，1975 年进入亚洲，宣传口号是"包新鲜、包营养、保健康"，从此改变了全世界的包装工业，特别是在处理液体和其他易腐坏的食品包装上做出了根本性的改变。

利乐包由 75% 的纸、20% 的聚乙烯和 5% 的铝箔组成，有 6 个保护层，加上最外层的油墨形成 7 个保护层，把极细的毛孔降到最低，且在包装瞬间超高温杀菌，即使不加防腐剂、不冷藏，在常温下都能保存 6 个月以上，是适度包装的经典之作。2004 年 9 月，在纽约现代艺术馆的"朴素经典之作"展览上，利乐包被誉为"充满设计灵感的，让生活变得更简单、更方便、更安全"的适度包装的杰作。小小利乐包，凝聚着不少科技和智慧，简约而不奢华，给人们的生活带来了不小的变化。我国北方大草原的优质牛奶，就是依靠利乐无菌包才得以方便地送到千里之外的千家万户。

利乐的"砖型包"不仅表面张力小、压力均衡、组合紧密、节省空间，而且很环保，可回收再利用。利乐整体分三大类，其特性如表 2-4 所示。

表 2-4　利乐包装简介

大类	名称	问世年份	特点
无菌常温系列	利乐砖	1969	堆栈存放最经济，五个面传递信息，容量为 80~2000mL（图 2-22）
	利乐钻	1997	外形独特，易于手握，方便倾倒，有旋盖很便利，容量为 125~1000mL（图 2-23）
	利乐晶	2007	屋顶形
	利乐枕	1997	经济实惠（图 2-24）
	传统包	1952	正四面体，无菌于 1961 年面世（图 2-25）
	利乐威	1997	用材少、造型时尚，在货架上比较醒目
冷藏系列	利乐冠	1986	可重新封口的方形圆角包装，表面 100% 可印刷（图 2-26）
	利乐皇	1966	矩形，顶部为屋顶型，被广泛运用于巴氏杀菌产品（图 2-27）
食品包装系列	利乐佳	2006	耐蒸煮纸包装，为传统的罐装、玻璃瓶装食品提供另类包装选择，采用水性油墨，环保安全

图 2-22　利乐砖

图 2-23　利乐钻

图 2-24　利乐枕

图 2-25　利乐传统包

图 2-26　利乐冠

图 2-27　利乐皇

　　康美包是德国 PKL 公司生产的无菌包装，类似于利乐包。康美包的特色是既生态又节能，其材料 75%~80% 都是来自斯堪的纳维亚森林中极其强韧的木质纤维，但这些纤维不是通过砍伐树木得到的，而是取自毁坏、枯死的树木或木材加工厂的边角料，并且保证该地区数目增长数量大于采伐数量。另外，康美包坚持 70% 的材料可再生，1000mL 的纸盒只重 28g，将低碳环保做到了极致。

　　屋顶包是巴氏奶的一种包装，外形有点像小房子，所以也称为"新鲜屋"，由美国国际纸业有限公司首先使用，是一种纸塑复合包装。屋顶包与利乐包、康美包相似，其缺点是保质期一般只有 7~10 天，且需冷藏，目前以鲜奶、果汁及茶饮料包装为主。

　　百利包是指以法国百利公司无菌包装系统生产的包装，其包装膜是一种多层共挤的高阻隔薄膜，这种包装可满足保持牛奶营养成分及保证牛奶卫生安全的要求。这种薄膜从外观上看与普通塑料薄膜没什么区别，但它对氧气的阻隔性能是普通塑料薄膜的 300 倍以上。换句话说，用这种高阻隔薄膜包装牛奶相当于将 300 多层普通包装膜叠在一起使用的效果，因而是安全可靠的。百利包安全、卫生、方便，且价格适中，占据很大的消费市场。

（3）纸板。纸板是做纸盒的必备材料，有平面硬纸板，可制作固定纸盒；有可弯曲的纸板，可制作造型丰富的纸盒；有黏土面纸板，可制作优质纸盒；有牛皮纸板，可制作五金、机械等重物纸盒。

纸盒主要包含折叠纸盒和湿裱盒。折叠纸盒又称"彩盒"，在包装上占很大的比例，设计时需注意其纤维走向，可设计模切增加其挺度，后面会专门介绍纸盒结构。湿裱盒一般用于礼盒，若要造型丰富，一般采用灰纸板或较厚的工业纸板；若仅是方形，可采用更硬的中纤板，再将特种纸、塑料、布料、人造皮等裱在上面，加上凹凸、烫金等工艺，非常显档次，如锦盒、精装书等（图 2-28）。

（4）淋膜纸。21 世纪的设计课题是，既要有高度的商业化，又要保护环境、减少资源浪费，淋膜纸就是这个时代需求和趋势的产物。淋膜纸的主要材料是利用玉米、小麦、薯类等生物淀粉提炼出来的可分解材料——聚乳酸 PLA，未来将利用农业废弃物作为来源，这样更能降低成本、节省资源。

一般的纸是不防水、会漏油的，但淋膜纸就很好地解决了这个问题。例如，将其涂于汉堡包装就是取其防油性（图 2-29）；将其涂于热饮纸杯则取其防水、不渗漏的特性（冷饮杯一般是涂蜡，所以不要用冷饮杯喝热饮，以免高温溶解蜡）。淋膜纸由于是淀粉提炼，因此遇热后不仅无异味、无毒素释放，而且在吸热后会结晶附着于纸纤维上，增加挺度，而且可回收再利用。

图 2-28　湿裱盒

图 2-29　经淋膜处理的纸餐盒

（5）标签纸。标签纸又称"标贴"，一般是不干胶标签，这也是包装的一大品项，一般由涂膜层、面材层、涂胶层和底材层四部分组成（图2-30）。设计标签之前要了解标签的基本类别：从使用环境上可分为干式和湿式；从制作工艺上可分为机器标贴和手工标贴。

干式标签适用于不需要接触水的商品，大多以纸制为主；而湿式标签则适用于有水的环境，如厨房洗洁精壶上的标签、卫生间洗发水瓶上的标签等，这些都是要用防水材质来印制的，一般采用PE塑料或合成纸。有些商品虽然会接触水，但不会长时间使用，如饮料、啤酒等，虽放于冰箱、有水汽，但取出后会在短时间内喝完，从成本上考虑，这种标签也无须采用防水标签（图2-31）。简单的标签可用机器快速贴标，若是机贴达不到要求，则可用手工贴标。

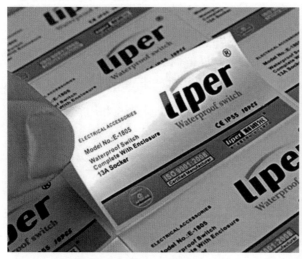 

图2-30　标签底材层为离型纸　　　　图2-31　短时间接触水的可用干式标签

标签的主要用纸如表2-5所示。

表2-5　标签的主要用纸

种类	主要特性	用途
激光镭射膜	高档的信息标贴纸	文化用品、高档装饰品等多色彩产品标签
镜面铜版纸	光滑洁白，可着色，防磨，印刷性能极好	药物、食品、电器、文化用品标签

续表

种类	主要特性	用途
热转纸	抗高温环境	微波炉等高温产品标签
箔纸	背面有铝箔，具有各种金属色泽，价格昂贵	高档药品、食品和文化用品标签
可移除胶	撕落不留痕迹	餐具用品、蔬菜水果等标签
真空金属纸	用真空金属蒸气沉淀法制成	罐装品标签
易碎贴	用于防伪和保修，撕碎后不可再用	电器、药品等商品的防伪
聚丙烯	抗水、油及化学物品等	厨卫间用品、电器、机械等标签

（6）瓦楞纸。1871 年，美国人阿伯特·琼斯申请了瓦楞纸发明专利，由于其性能好、成本低，极大地撼动了木箱的霸主地位。20 世纪初，木箱行业被迫联合铁路部门对瓦楞纸箱的使用制定了苛刻的限制条件。但瓦楞纸箱厂家团结一致，经过艰苦的诉讼最终赢得了胜利。这就是著名的洛杉矶"普赖德哈姆案件"，在包装发展史上有着重要的意义。

瓦楞纸是物流包装的理想材料，经裱褙也可作为销售包装，甚至有些大设计师还用它制作家具。瓦楞纸具有成本低、质量轻、加工易、强度大、印刷适应性强、储存搬运方便等优点，80% 以上的瓦楞纸均可回收再利用，相对环保，使用较为广泛。另外，因瓦楞芯中空，很多热杯都利用瓦楞纸圈来减轻烫手感（图 2-32）。

瓦楞纸由外面纸、内面纸、芯纸三部分组成，如图 2-33 所示。

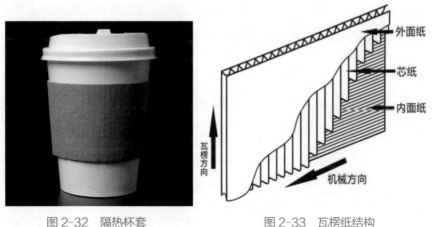

图 2-32　隔热杯套　　　　　图 2-33　瓦楞纸结构

瓦楞芯纸有 V 型、U 型和 UV 型三种，V 型平面抗压能力最强，缓冲性能最弱且容易磨损；U 型平面抗压能力虽不及 V 型，但缓冲性能强，即受压之后复原能力最好。因为这两种类型各有优缺点，所以诞生了第三种类型——UV 型瓦楞芯纸，综合了两者的优点（图 2-34），在实际应用中极其广泛。

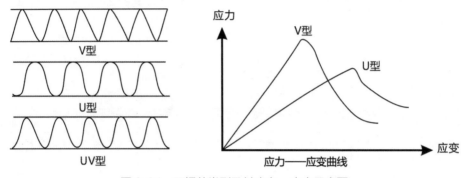

图 2-34　瓦楞芯类型及其应力、应变示意图

瓦楞纸板可根据层数或芯纸数分为单面瓦楞纸板、三层瓦楞纸板（单瓦楞纸板）、五层瓦楞纸板（双瓦楞纸板）、七层瓦楞纸板（三瓦楞纸板）等，如图 2-35 所示。

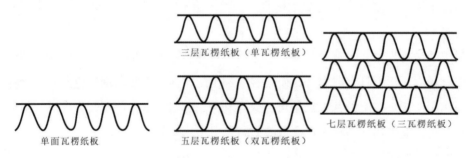

图 2-35　瓦楞纸板的分类

根据国家标准，瓦楞纸板可分为 A、C、B、E 四种类型。虽然有国际标准，但各厂生产的瓦楞纸板略有出入，其标准和用途如表 2-6 所示。

表 2-6　常用瓦楞纸板楞型（GB 6544—86）

楞型	楞高（mm）	楞数（个/300mm）	特点	用途
A	4.5~5	34±2	楞高最大，耐垂直压力及防震性能最佳	轻质易碎品
C	3.5~4	38±2	强度较差，但稳定性好，表面平整，承受平面压力高	纸箱、盒子、格板、内衬

楞型	楞高（mm）	楞数（个/300mm）	特点	用途
B	2.5~3	50±2	抗平面压力较佳，缓冲力较差	五金、电器、罐头等
E	1.1~2	96±2	平面刚度高，缓冲性能好，成本低，印刷适应性好	精美内包装

注：出口商品包装瓦楞纸板楞型没有 E 型。

（7）其他包装用纸。包装用纸还有其他类型，如玻璃纸、硫酸纸等。

玻璃纸是一种是以棉浆、木浆等天然纤维为原料，用胶黏法制成的薄膜，其特点是透明、无毒无味。因为空气、油、细菌和水都不易透过玻璃纸，所以其可作为食品包装使用（图 2-36）。

硫酸纸是由细微的植物纤维通过互相交织，在潮湿状态下经过游离打浆、不施胶、不加填料、抄纸，用 72% 的浓硫酸浸泡 2~3s，再用清水洗涤后以甘油处理，干燥后形成的一种质地坚硬的薄膜型物质。硫酸纸质地坚实、密致而稍微透明，具有对油脂和水的渗透抵抗力强、不透气且湿强度大等特点，能防水、防潮、防油、杀菌、消毒，可制作礼品包装（图 2-37）。

图 2-36　玻璃纸包装

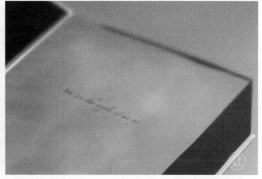

图 2-37　硫酸纸包装能营造一种朦胧的感觉

2. 塑料

塑料包装是指各种以塑料为原料制成的包装总称。塑料包装材料虽然具有经济、透明度好、重量轻、易成形、防水防潮性能好，以及可以保证包装物的卫生等优点，但容易带静电、透气性能差，而且回收成本高、废弃物处理困难，容易对环境造成污染。此外，有的塑料材料还含有毒助剂，使用时应该采取措施降低或避免其造成的伤害。

塑料在包装上的运用也是品类繁多，主要有以下几种。

（1）塑料。塑料是指以单体为原料，通过加聚或缩聚反应聚合而成的高分子化合物，在生活中随处可见，是一项比较成熟的包装材料。1988 年，美国塑料工业协会（SPI）为方便塑料制品的统一回收而制定了回收识别码，通常标注在塑料包装底部。识别码 1~6 分别代表相应的材料，识别码 7 则表示除了识别码 1~6 以外的所有塑料材质。一般来说，数字越大，其使用安全性越高。塑料包装的主要特点及用途如表 2-7 所示。

表 2-7　常见塑料包装材料特点与用途

名称	简称	SPI 回收标志	特点	耐温（C°）	在包装上的用途
聚对苯二甲酸乙二醇酯	聚酯（PET 或 PETE）	PETE 1	硬度、韧性及透明度极佳，质量轻，生产消耗少，不透气，不挥发，耐酸碱	40	俗称宝特瓶，适合装冷饮、酱类等。不宜长期使用，否则有致癌风险
高密度聚乙烯	HDPE	HDPE 2	比低密度聚乙烯（LDPE）熔点高，硬度大，耐酸碱	60	用于制作饮料瓶、牛奶瓶、酱类罐、食用油、农药、沐浴乳瓶等
聚氯乙烯	PVC 或 V	V 3	便宜，透明性与光泽好，但耐热、耐冷性较差	60	一般用于工业包装，不推荐用于食品包装或玩具包装
低密度聚乙烯	LDPE	LDPE 4	透明性差，材质较软，耐腐蚀性不及 HDPE	60	用于制作塑料袋、牛奶瓶等
聚丙烯	PP	PP 5	熔点高达 167C°，耐热，可蒸汽消毒。物理机械性能比聚乙稀（PE）好	120	用于制作瓶、罐、瓶盖、微波餐盒、薄膜等
聚苯乙烯	PS	PS 6	吸水性差、耐潮湿。质脆易裂，冲击强度较低，易燃	90	包装镶衬，工业包装缓冲材料，避免装高温多油食物
其他类	其他	OTHER 7	以聚碳酸酯（PC）为例，抗紫外线，耐冲击	135	多用于制作水杯、奶瓶、水壶等，慎用于食品类包装，可能影响生理发育

（2）软性积层塑料薄膜。两种以上的材料经过一次或多次复合加工后组合在一起，从而构成具有一定功能的复合材料，称为"积层包装材料"，一般分为三层，其结构和功能如表 2-8 所示。

表 2-8　积层包装材料结构及功能

层名	作用	材料
外层	美观、阻湿、便于印刷	双向拉伸聚丙烯（BOPP）、双向拉伸对苯二甲酸乙醇（BOPET）、双向拉伸聚酰胺（BOPA）等
功能层	阻隔、避光	聚酯镀铝膜（VMPET）、铝（AL）、乙烯/乙烯醇共聚物（EVOH）、聚偏二氯乙烯（PVDC）等
内层	与产品直接接触，需耐渗透，有良好的热封性及开启性	低密度聚乙烯（LDPE）、流延聚丙烯（CPP）、茂金属聚乙烯（MLLDPE）、乙烯-醋酸乙烯共聚物（EVA）、乙烯丙烯酸共聚物（EAA）、乙烯-丙烯酸甲酯共聚物（EMA）、乙烯丙烯酸丁酯（EBA）等

因软性积层塑料薄膜（以下简称 KOP）具有保湿、保味、保鲜、避光、防渗漏、美观等特点，已被广泛使用并获得快速发展。按其复合袋成型后的用途，可分为干式袋与湿式袋两大类；根据产品的不同特性，又可分为真空袋、高温蒸煮袋、水煮袋、茶叶袋、自立袋（图 2-38）、铝箔袋等。

干式袋主要用于方便面、饼干、干料零食、洗衣粉等。一些膨化食品对包装要求高，因此出现了镀铝 KOP，又因其具有金属质地、美观、阻隔性能好、成本低等特点，被迅速而大量地使用（图 2-39）。

图 2-38　自立袋展示效果　　图 2-39　有金属质感的 KOP

湿式袋主要用于包装冷藏食品和各种液体，很多产品需要在高速生产线上灌装，要求包装袋内层有良好的低温热封性和抗污染性，避免在运输过程中出现破包、渗漏的情况。

在印刷时，一般需要先印一层白色再印四色，注意要留一部分透明让消费者看到产品。若要效果好，可铺两层白色再印四色，或者先铺银再印白再印四色。如果是镀铝或裱铝（不透明）的材料，那么不铺白直接印刷也可得到时尚的金属感。

（3）收缩膜。收缩膜是指由整卷塑料薄膜经凹版印刷后再进行后续处理的包装材料，一般是将平张印好的塑料膜成型为圈状，再套入瓶上，通过热风加热使其收缩包覆于瓶上。由于收缩前后有变化，且纵横变化不一样，因此在设计时需注意这一点（图2-40）。

制作收缩膜的材料比较多，可根据实际需要选择透明或不透明塑料，做"表刷"或"里刷"。表刷一般用于不透明材料，就像印一般纸材一样正面印刷（图2-41）。若选用的是透明材料则需要用里刷方式：先在透明塑料上印反向图文，再印白色墨把图文全覆盖，当然也可以根据设计不印白色墨，通常里刷效果比表刷好。

图2-40　收缩膜因瓶型而变形　图2-41　表刷收缩膜反射效果稍差

需要注意的是，收缩膜的变形一般横向大于纵向，所以最好将条码竖放，以免条码变形太多而无法读取。

（4）软管。塑料复合软管是指将塑化材料制成管状的容器，一端折合焊封，另一端制作成管嘴的包装容器，如牙膏、药膏等包装，也有金属软管、层合软管等。因为是先成型再印刷，印刷附着力差，所以在设计时要特别注意以下几点。

① 线条宽度不得低于 0.1mm，否则容易断线或笔画不清；中文净高不得低于 1.8mm，英文不低于 1.5mm。

② 细小文字及线条要设计为单色，避免套印不准而模糊。

③ 反白文字中文净高不得低于 2.5mm，英文不低于 2mm，建议用圆体、黑体等笔画均匀的字体，慎用宋体等笔画粗细悬殊太大的字体（图 2-42）。

（5）亚克力。亚克力是英文 Acrylics 的音译，实际上是丙烯酸类和甲基丙烯酸类化学品的统称。亚克力板即聚甲基丙烯酸甲酯（PMMA）板材，俗称"有机玻璃"，但市场上有机玻璃鱼目混珠，有些所谓的"有机玻璃"其实是透明塑料，如聚苯乙烯（PS）、聚碳酸酯（PC）等。

亚克力板按生产工艺可分为浇铸型和挤压型两种，前者性能更好，价格也更贵。亚克力的特点如下。

① 透明度好，透光率达 92% 以上。

② 对自然环境适应性强，抗老化性能佳，不怕日晒、夜露、风吹、雨淋。

③ 加工性能好，易加热成型，可染色、可喷漆、可丝印、可真空镀膜。

④ 接触无毒，燃烧无毒。

因为亚克力生产难度大、成本高，所以在包装设计中，亚克力一般用于高档奢侈品的包装，以表现其高透明度及厚重感（图 2-43）。

图 2-42　字体笔画要均匀

图 2-43　亚克力一般用于高档包装

（6）泡壳。泡壳又称为泡罩、真空壳，是将透明的 PET、PVC 或 PETG 等塑料硬片采用真空高温吸塑成型，制成凹凸起伏的透明造型罩于产品表面，起到保护及美化产品的作用。泡壳的类别及使用要点如表 2-9 所示。

表2-9　常见泡壳的使用要点

名称	特点	设计要点	图片
插卡泡壳	将纸卡与折过三边的透明泡壳插在一起，包装时不需要任何包装设备，只需工人将产品、泡壳和纸卡安放到位	① 纸卡与折过边的泡壳大小合适，紧了易变形，松了易脱落 ② 产品过重需订书钉加固	
吸卡泡壳	将泡壳热合在带有吸塑油的纸卡表面，需要使用吸塑封口设备将产品封装在纸卡与泡壳之间	① 纸卡表面必须过吸塑油才能黏在一起 ② 只能用 PVC 或 PETG 片材 ③ 包装物品不可过重	
双泡壳	用两张泡壳将纸卡与产品封装在一起，需要使用高周波机将双泡壳封边。其缺点是效率低、包装成本较高，优点是边缘整齐美观、产品外观高档	① 只能用 PVC 或 PETG 片材 ② 高频模具的好坏决定了双泡壳边缘的质量	
半泡壳	产品半露的双泡壳包装，适用于特别长的产品。需人工先将泡壳上露出产品的部位剪开，再用高周波机将双泡壳封边。其缺点是效率低、成本高，优点是视觉效果好，且可满足用户挑商品时直接触摸产品的需求	① 忌易脏产品 ② 只能用 PVC 或 PETG 片材 ③ 在泡壳上剪开孔时应注意边缘整齐	
对折泡壳	可以不采用高频封边工艺，而在泡壳的合适位置做上扣位或卡隼来连接双泡壳，必要时还可以打订书针	① 因无高频机封边，所以边缘需在裁床上高质量裁切完成 ② 推荐用 PET 硬片 ③ 扣位松紧度要适中	
三折泡壳	泡壳折成三个边，形成一个底边，以便产品能立在平面上。可以不采用高频封边工艺，而是在泡壳的合适位置做上扣位来连接泡壳，必要时还可以打订书针，适合大口径的产品包装	① 因无高频机封边，所以边缘需在裁床上高质量裁切完成 ② 推荐用 PET 硬片 ③ 扣位松紧度要适中	

塑料泡壳是一种成熟的包装材料，常用作礼盒底衬，可用彩色 PVC（或 EVA、EPE）成型，成型后还可植绒加工，既高贵又不贵（图 2-44）。

塑料因其良好的性能与低廉的价位，在包装上得到了广泛应用，但对环境伤害很大，海洋、河流、土壤、空气都被塑料严重污染，以至于被《时代》周刊评为"最糟糕的发明"之一。因此，设计师需要充分熟悉各种塑料的特性，慎用塑料、用好塑料；消费者需要提高环保意识；科学家也需要努力研发可降解的塑料。目前能溶于水的塑料已经被发明，虽然技术还不成熟，但毕竟向前迈进了一步。

（7）人造革。人造革又称为"人造皮"，是一种外观、手感似皮革的塑料制品，可作为皮革的替代产品。人造革通常以织物为底基，涂覆合成树脂及各种塑料添加制成，是 PVC、PU 等人造合成材料的总称。虽然手感与弹性无法达到真皮效果，但具有样式多、防水性能好、边幅整齐、利用率高、价格低、环保等特点。

在包装上，人造革可用于精装书封面裱材。此外，一些个性包装也可用它来表现，不仅可以做礼盒提把，还可以做奢侈品包装，如手表、贵金属、高档酒盒、名笔等（图 2-45），既简约大方又有良好的手感。

图 2-44　礼盒底衬泡壳　　　　　　图 2-45　人造皮包装

3. 金属

1810 年，英国人杜兰特发明了镀锡薄板（俗称马口铁）作为食品密封保存的方法，进而诞生了马口铁罐头。一百多年来，在技术上不断革新进步——板厚由 0.3mm 降到 0.15mm；镀层从 10μm 降到 0.1μm，强度也提高了，有的还能适应深冲拉拔制罐。除镀锡薄板外，还有镀铬薄板和铝板，铝板（主要是铝锰与铝镁合金）因其良好的压延性和拉伸性，在 20 世纪 60 年代后被大量用于制罐。

金属罐除了需镀锡或铬外，还需要刷涂料。涂料类型如表2-10所示。

表2-10　金属罐常见涂料类型

位置	涂料名称	成分或类别	作用	特点
内壁	油树脂涂料	干性油（如亚麻油）加天然树脂按一定比例在高温下制备	包装食品	工艺简单，价格低，抗蚀性与附着性好。但焊锡耐热性差，有异味
	环氧和酚醛涂料	环氧树脂与酚醛树脂按一定比例配制	功能全面	柔韧性、抗蚀性与附着力好
	乙烯基涂料	以氯乙烯共聚物或聚氯乙烯树脂为主要原料	防止啤酒变浊、变坏	无色无味，致密性、柔韧性好，但附着性热、稳定性差
外壁	印铁底漆	低温底漆（如醇酸型）或高温底漆（如环氧氨基型）	增强马口铁与涂料的粘接	无色透明
	白可丁	醇酸型、聚酯型或丙烯酸型等	遮盖金属以利于印刷	罩在底漆上的白色涂料
	罩光漆	低温光油（如酯胶）或高温光油（如内烯酸酯）	保护印刷图文，提高光泽度	印铁的最后一道工序
	防锈涂料	环氧酯型、油树脂型或热固性环氧型等	用于罐盖、罐底及不需要彩印的罐身	防锈，美观
	接缝涂料	环氧和聚酰胺型或聚烯烃型	用于焊接部位避免生锈	利用焊锡余热固化

食品金属包装按其产品类型可分为食品罐、饮料罐、饼干罐、茶叶罐、糖盒等，食品罐和饮料罐按其结构可分为三片罐和两片罐。其中，三片罐是指由罐底、罐盖和罐身三片组成；两片罐则是指罐盖为一片，罐身与罐底为一片。若在罐盖上冲压刻痕并铆上拉环就是易拉罐。

（1）马口铁。马口铁的正式名称为"镀锡薄钢片"，又称为"镀锡铁"。据说中国第一批洋铁是由澳门进口的，澳门的英文Macau音译为"马口"，所以称为马口铁。马口铁耐压抗冲击、柔软易加工、耐蚀性强，能高速焊接作业，易印刷涂装，适用于奶粉、茶叶、咖啡、罐头、饮料等食品的包装（图2-46）。马口铁有高度的可加工性，做出的罐变化多样，满足了消费者多样化和个性化的需求（图2-47）。

马口铁特别适合制作三片罐，原因有两个：一是密封性和不透光性极佳，能有效地保存维生素C；二是内壁镀锡层会与填充时残存于罐内的氧气相互作用，从而减少食品被氧化的机会，延长储存期。三片罐根据接缝方式，可分为锡焊罐、电阻焊罐和粘接罐；按内壁情况可分为素铁罐、部分涂料罐和全涂料罐。

图 2-46　在大型铁罐上加凹痕以保证受力不变形　　图 2-47　马口铁可塑性强且可加手提配件

马口铁因材质原因，在印刷上与常规印刷方式不同。首先需借助印刷压力，经橡皮布将印版图文转印到马口铁上，属于平板胶印。由于其印刷特殊性，在印刷时对油墨有以下特殊要求。

① 油墨需有良好的附着力，因为用马口铁制成的包装通常需要使用剪裁、折弯和拉伸工艺。前面说过，印前涂白可丁可提高油墨附着力。

② 耐冲击、耐光、耐高温，保证经多次烘烤、蒸煮都不变色。

（2）铝。铝用于包装的时间晚于铁，但因其质软、强度低，使金属包装产生了重大飞跃，主要包装形式有铝箔和两片罐。

铝箔是用纯度 99.5% 以上的铝制成，厚度为 0.005~0.2mm。其优点是质轻、有光泽、反射力强、阻隔性好、不透气、不透水、易加工、易印刷、对温度适应性强；其缺点是耐酸碱性差、不能焊接、易撕裂。铝箔可做防热绝缘包装，用于食品、医药、电子产品、奶制品、饮料等领域。

两片罐又称铝罐，诞生于 20 世纪中叶，是将罐身材料通过冲压拉伸成型的金属容器。根据冲拔高度，分为冲拔罐（高度小于直径）、多级冲拔罐（高度等于直径）和冲拔拉伸罐（高度大于直径，罐身厚度小于罐底厚度）。两片罐与三片罐相比，优点是罐身罐底一次成型，密封性更好，避免了铅污染，生产效率更高，更节省材料；缺点是对材料、工艺、设备要求高，包装的容量不会很大，包装的种类也很少。

4. 玻璃

有个叫尼古拉·阿佩尔的法国人，曾在酸菜厂、酒厂、糖果店和饭馆都当过工人，后来当了厨师。他偶然发现，密封在玻璃容器里的食品如果适当加热，就不易变质。于是经过 10 年的艰苦研究，终于在 1804 年获得成功，制成玻璃罐头。随后玻璃包装被大量生产，目前欧美、日本等发达国家的玻璃容器占整个包装市场的 10% 左右（图 2-48）。

玻璃包装材料具有良好的化学稳定性，可以保证包装物的纯度和卫生，因其不透气、易于密封、造型灵活、有多彩晶莹的装饰效果等优点，所以得到了广泛的应用。因为是用钢模吹制，所以在容器的线形、比例及变化手法上有较大的发挥余地，而且玻璃瓶装入内容物以后，瓶身具有水晶般的透明感，显得华贵和富丽（图 2-49），但同时也具有较低的耐冲击力、运输成本高、融制玻璃能耗较高等缺点。

图 2-48　玻璃罐头被认为是　　　　　图 2-49　玻璃很适合酒水包装
　　　　现代食品包装的开端

玻璃包装容器种类繁多，按不同的标准，分类情况也不同。按色泽可分为无色透明瓶、有色瓶和不透明的混浊玻璃瓶；按用途可分为食品包装瓶、饮料瓶、酒瓶等。按口径可分为细口瓶和广口瓶，前者主要装液体，后者主要装粉状、块状和膏状物品。按质感可分为亮面玻璃和磨砂玻璃（图 2-50）。在制造玻璃时加入高档白料或高档瓷料可以制造出宛如白玉般质感的玻璃瓶，称为"白玉瓶"，一般用于化妆品或酒瓶（图 2-51）。

玻璃瓶与瓶盖密不可分，瓶盖材料主要有金属和塑料，有的还有垫圈。常见的瓶盖有皇冠盖、螺旋盖、扭断螺纹盖（防盗盖）、旋开盖等，一般由塑料或金属薄板制成，辅以聚氯乙烯垫圈、塑料薄膜、铝箔等。

图 2-50　磨砂瓶

图 2-51　白玉瓶

5. 木材

　　木制材料应用很广泛，这是因为木材具有分布广、天然可再生、材质轻且强度高、有生命感、有一定弹性、能承受冲动和震动、容易加工等优点。但是，木材包装材料的组织结构不均，具有各向异性，难以机械化生产，易受环境的影响而变形，并且具有易腐朽、易燃、易蛀等缺点（经过适当处理是可以减轻或消除的）。

　　木材包装以大型外销运输木箱为主，这类木箱有国际规格要求。木材可分为木板、木片、木丝等。木板可做成木箱、木盒等（图 2-52）；木片可作为裱褙材料；木丝可做缓冲材料（图 2-53）。

　　注意，木材虽可再生，但不可滥用。

图 2-52　木盒

图 2-53　木丝

6. 陶瓷

我国的陶瓷工艺具有精湛的制作工艺和悠久的历史传统。陶瓷包装材料硬度高，对高温、水和其他化学介质有抗腐蚀能力，其造型、色彩极具装饰性，多用于酒、泡菜等传统食品和工艺品的包装（图2-54）。为了便于制模和成型，一般造型变化不能过于复杂，力求饱满、圆滑，因而具有古朴、光洁的民族特色（图2-55）。不同价位的商品包装对陶瓷的性能要求也不同，如高级饮用酒茅台对陶瓷包装的要求就很高。

陶瓷包装材料有以下缺点。

① 易碎，且回收成本较高。

② 工艺较复杂，工序间连续化、机械化、自动化程度低。

③ 生产周期长、能源消耗高、生产过程中环保污染较大等。

图2-54　陶瓷很适合用于酒包装　　　　　图2-55　陶瓷包装能表达古朴感

7. 布料

布料在包装上应用很广，既有棉、麻、丝等天然纤维，也有化学纤维，但全部用布料包装的时候比较少，一般都要与其他材料配合，体现其质感与仪式感（图2-56和图2-57）。这里按照用途对包装用布进行一个分类，如表2-11所示。

图 2-56　布料包装

图 2-57　缎带

表 2-11　包装用布料分类

类别	作用或特点	可采用的工艺	注意
裱褙布	方便印刷加工，增加质感	烫金、烙印等	可在布背面先裱一层薄纸使其硬挺
提袋布	又称无纺布，没有经纬感但有纤维感，耐磨不怕水，可重复使用	染色、套色网印、烙印	不宜烫印
衬布	提升价值感，遮蔽衬垫的粗糙与单调	无	无
缎带	配饰，改变视觉中心（图 2-57）	无	从整体设计思考
提绳	提供便利性	无	还有其他材质提绳可选择

　　以上介绍的常见包装材料都是比较成熟的，掌握每种材料的特性与工艺是必需的，但材料与技术都是动态发展变化的，所以平时要多见识新材料、新工艺。再次强调，只有在选材上合乎主题、在制作工艺上可行、在制作成本上控制得当，才能设计出对的包装。

主题 **03**
包装结构设计

　　每一个漂亮的包装背后都有系统的设计，就像建筑设计一样，人们看到的是外观，但其实还有很多看不到的隐蔽工程，它们共同构成一个完整的体系。在货架上看到的让人心动的包装，是需要一个完整的设计系统来支撑的。首先选择包装材料，然后采用合理、科学的包装结构，以保证产品在运输和储存过程中完好无损，而且包装不会被盗用，还要保证在使用过程中的便利性等。包装结构设计主要解决包装的科学性与技术性问题，要处理好包装与商品、消费者、环境之间的关系。

1. 包装结构设计步骤

　　在包装结构设计过程中，需要全面熟悉商品在生产及流通环节中的情况，其主要步骤如图 2-58 所示。

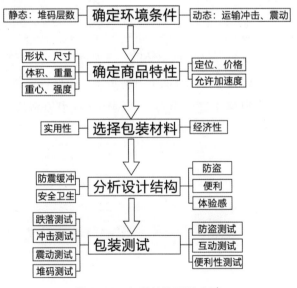

图 2-58　包装结构设计步骤

2. 物流包装结构设计

有人买了 3000 元的显示器，结果在运输过程中被损坏，但快递公司只赔了 300 元。由此可见，首先要确保商品在运输过程中的安全，必须做到防震、防尘、防撞、防掉、防压等，最主要的是防震或缓冲，下面介绍几种主要的防震方式。

（1）全面防震包装。全面防震包装即将内装物和外包装之间全部用防震材料填满，防止产品蠕动，适用于小批量、多品种、异形、零散商品的一次性包装。例如，用糠或米包装鸡蛋就属于全面防震包装结构，其几种主要形式如表 2-12 所示。

表 2-12　全面防震包装的主要形式

形式	方法	优点	缺点
填充材料	将细条状、颗粒状、片状等材料（如 EPE、EPS）填充进去	轻、柔、弹、不霉、不蛀、无毒、卫生；适合小批量商品的包装	不适合大批量商品的包装
现场发泡	用聚氨酯与聚合乙氰碳酯混合发生化学反应，发泡约 100 倍	不需要复杂设计和模具，不需要材料堆放，缓冲性能好，适合精密度高的贵重物品	成本高
模压成型	用模型将 EPS 颗粒压制成型（图 2-59），或者用将 EPE、PUR 块垫抽真空成型	方便，只适合大批量生产	成本高
气泡衬垫	用气泡膜将被包装物品包裹	节省资源，操作简便	不环保
充气包装	充气和放气方便，不仅可循环使用，还可回收再利用（图 2-60）	充气 95%，可量身定做，经济、防潮、环保	暂无

图 2-59　EPS 模压包装

图 2-60　充气包装

（2）部分防震包装。对于整体性好的产品和有内装容器的产品，仅在产品或内包装的拐角或局部地方使用防震材料进行衬垫即可。所用包装材料主要有蜂窝纸板（图2-61）、泡沫塑料防震垫、角衬垫、棱衬垫、纸托（图2-62）等。

 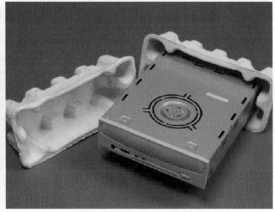

图 2-61　蜂窝纸板局部包装　　　　　图 2-62　纸托局部包装

（3）悬浮式防震包装。对于某些贵重易损的物品，为了有效地保证其在运输过程中不被损坏，首先要保证外包装容器比较坚固，然后用绳、带、弹簧等将被装物悬吊在包装容器内。在物流过程中，无论是什么操作环节，内装物都能被稳定悬吊而不与包装容器发生碰撞，从而减少损坏。

当然，防震缓冲的方法还有很多，在实际生活中可根据具体情况灵活运用。另外，在使用过程中也需要考虑对产品的保护，比如有些干果包装就有自封结构，打开后吃不完封住可防潮；水果包装箱可开小孔透气以防腐烂等。

3. 防盗与便利包装结构设计

为了防止一些包装（如食品、饮料、酒水等包装）被回收装入其他同类劣质产品中，以假充真、以次充好，在包装设计时需设计一些包装结构以防盗窃行为。防盗包装可用一些技术，如信号显示技术：原封为绿色，开启后为红色。在包装结构上，主要是采用非复位包装结构，如表2-13所示。

表 2-13　非复位包装结构

方法	原理	主要适用包装类别	图片
扭断式瓶盖	让瓶盖和其连接带断裂，从而使瓶盖开启后不可复位	瓶类包装	
胶质定位法	利用胶黏剂对包装容器的封口件（盖、塞等）进行融合，一旦开启再也难以恢复原位	玻璃、陶瓷、拉罐类等包装	
显开痕法	将开启处压痕为一定形状，一旦开启就有明显变化，不可还原	纸盒包装、易拉罐等	
封签法	通过在瓶盖与瓶口处喷墨打印或加封防伪标志，一旦拧开或使用后，这部分就损坏，不可复位	食品、电子产品等	
组合定位法	综合利用几种非复位包装方法	高档酒水	

　　除了要注重包装的安全性外，便利性也是非常重要的，在设计时也需考虑。例如，在包装袋上端开个口，方便悬挂展示；在包装袋顶部或底部开个缺口，方便撕开；加提绳和提手方便携带；运动型饮料（如尖叫、农夫山泉等）还设计了单手开盖饮用的瓶盖；等等。

4. 纸包装结构设计

　　前面讲过，在众多包装材料中，纸作为包装材料不仅有着悠久的历史，而且占有相当大的市场比重。纸材料之所以有如此大的发展潜力，是因为它有着其他材料无法比拟的性能，可以满足各类商品的要求。例如，便于废弃与再生的性能、印刷加工性能、遮光保护性能，以及良好的生产性能和复合加工性能。随着社会的发展，人们对纸包装结构形态不断提出新的要求。

这里单独把纸材料的结构设计作为一个小节来讲，就是因为它的结构有很多设计空间，不论是防震、缓冲，还是便利、防盗，抑或是用户体验等都能进行相应的设计。根据用途和造型的不同，可以将纸包装结构概括为以下4种：纸盒包装结构、纸箱包装结构、展示盒包装结构、纸袋包装结构。其中，纸盒包装结构又可以分为折叠纸盒结构和硬纸盒结构两种。

（1）纸盒包装结构。首先看折叠纸盒，折叠纸盒一般不大量使用黏合剂，而是用纸板互相拴接和锁口的方法，使纸盒成型和封口。由于折叠纸盒具有盛装效率高、方便销售和携带、可供欣赏、生产成本低，以及因使用前能折叠堆放而节约仓储和运输费用等优点，因此在包装中得到广泛采用。其典型结构展开图及各部分名称如图2-63所示。简单地讲，6个展示出来的面称为"板"，看不见的面称为"翼"。

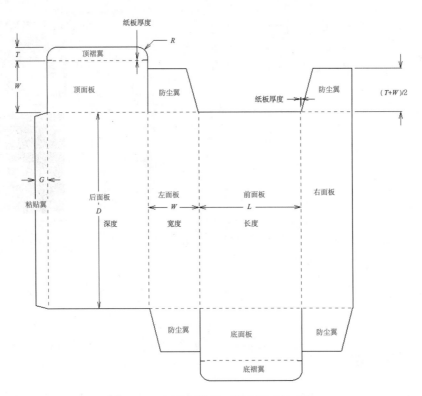

图2-63　折叠纸盒展开图术语（管式）

折叠纸盒可分为管式折叠纸盒和盘式折叠纸盒两大类。其中，管式折叠纸盒通常是指高度大于长度和宽度的纸盒，这类纸盒的特点是盒体连续旋转成型，盒身呈竖直状，适用于酒、化妆品、药品立式瓶等的外包装。例如，牙膏盒就是典型的管式折叠纸盒。

常见管式折叠纸盒封口结构如表 2-14 所示。

表 2-14　管式折叠纸盒封口结构

名称	原理	特点	示意图
摩擦式（插入式）	利用插舌与防尘翼、体板之间的摩擦力实现并保持封口，5mm 的肩可产生摩擦效果	反复开启、封盖方便，但封口强度及可靠性较差，适用于小型、轻量和日常用品、医药品的包装	
插卡式	在折翼折痕边切开一段（一般是 8mm），即可将插舌与盒体锁住	插舌半径圆弧的起点让开了半张纸厚，这样插舌更容易插进盒身。盒长面的深度是高于盒宽面一张纸厚的，目的是纸盒成型后减少盒盖的弹性，使盒盖更挺直、平整	
锁口式	将相对的面板一边做成凸型，另一边开口以便插入锁住	强度及可靠性较高，但反复开启、封盖不太方便	
插锁式	插入式和锁口式相结合	封口强度高，可靠性强，适用于较重内装物的管式包装纸盒	
襟片连续插别式	每个襟片的廓形都是图案的一部分，插别后形成精美的图案	美观，适合展示陈列	
揿压式	利用纸板自身强度和挺度，以盒体上的直线或曲线压痕为揿压变形线，揿压下封盖的襟片，实现封口	包装操作简便，节省纸板。造型设计丰富，但仅能装小型轻量物品	

名称	原理	特点	示意图
黏合式	是用与体板相连的襟片互相黏合实现封口的方式，有单条涂胶和双条涂胶的黏合结构	封口性能好，开启方便，适合高速全自动包装机	
快速锁底式	又称"123底"，利用几片纸板互相扣压从而锁住盒底	结构简单，造价低，适用于长方形、正方形截面的管式折叠纸盒封底，承重能力较强，操作方便，应用广泛	
自动锁底式	指管式折叠纸盒及其盒底既能折成平板状，也能在盒体撑开的同时使盒底自动恢复成封合状态，不需要另行组底封合	适用于自动化生产的盒底结构，特别是在线折方盒上应用广泛。但结构较复杂，如果产量低于2万个则成本较高	

常见的管式折叠纸盒有以下几类。

① 反向插入式盒型，即 R.T.E 纸盒，为 REVERSE TUCK END 的简写。它可称为纸包装盒的鼻祖，是最原始的盒型，如图 2-64 所示。

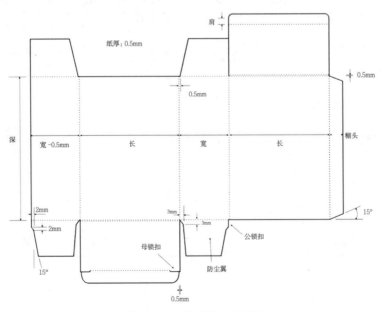

图 2-64　反向插入式盒型

还有一种反向插入式盒型称为"法国式反向插入式"，国际标准名称为"FRENCH REVERSE TUCK END"，简写为 FRENCH R.T.E，实际上是将 R.T.E 盒型做镜像处理，如图 2-65 所示。

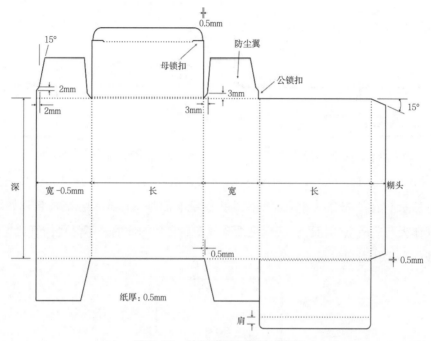

图 2-65　法国式反向插入式盒型

法国式反向插入式的盒盖是从盒前面向盒背面盖。它的优点是使纸盒的主要展示面（前面）保持完整性，使设计的内容可以延伸到盒盖，该盒型已经成为化妆品盒的专用盒型。

② 笔直插入式纸盒，国际标准名称为"STRAIGHT TUCK END"，简写为 S.T.E 。这种盒型有一个很重要的附加功能，就是能做开窗处理。但它的缺点是两头凸出，排版模切时较浪费纸材，如图 2-66 所示。

另外一种笔直式纸盒因其展开图形似飞机，所以又称为"飞机式"（APPLANE STYLE）盒型，它的功能和用途基本与笔直插入式纸盒一样，如图 2-67 所示。

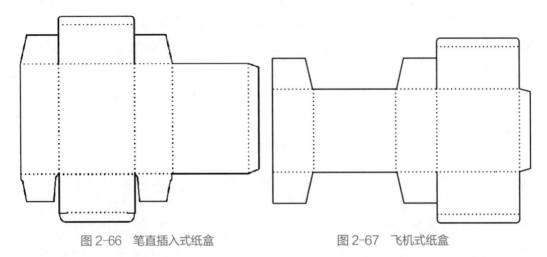

图 2-66　笔直插入式纸盒　　　　　图 2-67　飞机式纸盒

③ 盘式折叠纸盒，它是由一页纸板四周以直角或斜角折叠而成的，主要适用于包装鞋帽、服装、食品和礼品等。常见盘式折叠纸盒的基本构成及各部分名称如图 2-68 所示，其体板与底板整体相连，底板是纸盒成型后自然构成的，不需要像管式折叠纸盒那样由底板、襟片组合封底。

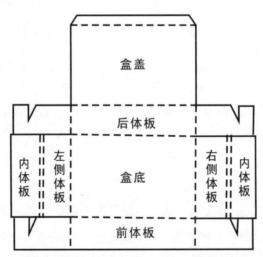

图 2-68　常见盘式纸盒结构及展开图术语

　　盘式折叠纸盒的各个体板之间需用一定的组构形式连接，才能使纸盒成型，具体成型方法有对折组装（图 2-69）、锁合连接（图 2-70）和罩盖三种。

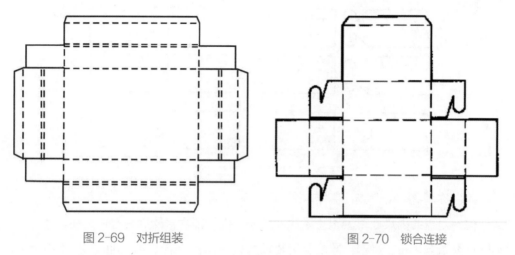

图 2-69　对折组装　　　　　　　　　图 2-70　锁合连接

基本的锁合连接结构有直插式、斜插式和折曲插入式3种，如图2-71~图2-73所示。

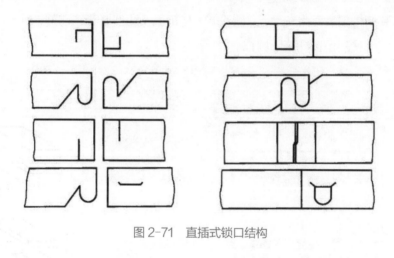

图 2-71　直插式锁口结构

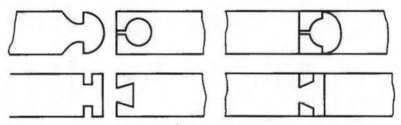

图 2-72　斜插式锁口结构

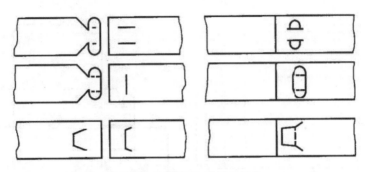

图 2-73　折曲插入式锁口结构

罩盖也称套盒，由盒盖、盒体两个相互独立的部分组成。其中，盒盖、盒体都是敞开式结构，盒盖的内尺寸略大于盒体的外尺寸，以保证盒盖能顺利地罩盖在盒体上。罩盖盘式折叠纸盒多用于鞋帽、服装及集装式商品的包装，第 1 章提到的苹果手机包装就是这种结构。

罩盖包装结构主要有天罩地式、帽盖式、对扣盖式和抽屉盖式几种，如表 2-15 所示。造型可以是三棱柱到多棱柱甚至圆柱。

表 2-15　罩盖结构形式

罩盖形式	特点	示意图
天罩地式	盒盖较深，其高度基本等于盒体高度，封盖后盒盖几乎把盒体全部罩起来	$H_2 \geqslant H_1$
帽盖式	盒盖较浅，高度小于盒体高度，一般只罩住盒体上口部位	$H_2 < H_1$
对扣盖式	盒体口缘带有止口，盒盖在止口处与盒体对口，外表面齐平，盒全高等于盒体止口高度与盒盖高度之和	$H_1 + H_2 = H$(盒全高)
抽屉盖式	盒盖为套形独立件，盒体可在套盖内抽出推进，实现封盖	盒体　　　　盒盖

常见的盘式折叠纸盒有以下四种。

① 双边墙盒型，英文名称为"DOUBLE SIDE WALL"。顾名思义，该盒型的盒边结构是双重的。双边墙盒型生产方式简单，各部位收头完整，一般都会做成上下盖，形成天地罩盖盒型，如图 2-74 所示。

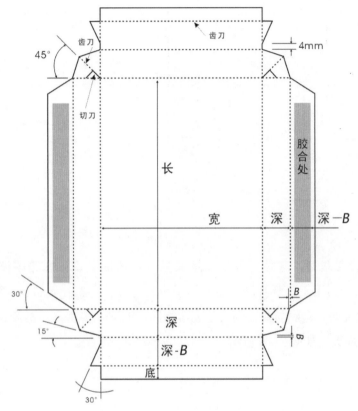

图 2-74 双边墙盒型结构

注意，胶合处因为要向内折叠与盒深面形成双面，所以它的最大值不能超过盒深减去纸张厚度的值。另外，胶合处的 30° 斜线画的是盒的母锁扣，与之对应的公锁扣是 4 个凸出的三角翼，角度同样为 30°。

② 脚扣盒型，英文名为"FOOT LOCK"，脚扣盒型中的脚扣既有脚的作用，也有锁扣的作用。在盒的锁扣结构中，公锁扣尺寸比母锁扣尺寸小一些，具体的画法是：公锁扣向扣的内侧画 15°，而母锁扣向扣的外侧画 15°。要注意的是，4 个固定翼在折叠成型后不能影响锁扣的锁合，即图 2-75 中的"C"与"$C - 2B$"的尺寸关系。

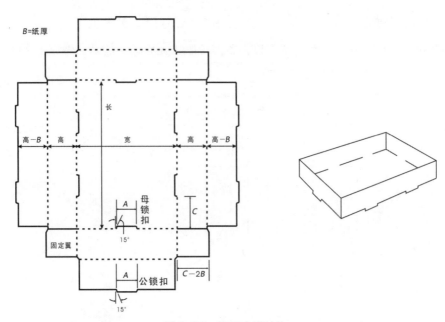

图 2-75　脚扣盒型结构

③ 四点胶合盒型，这是一种最简单又最具价值的盒型，在美国被称为"BEER TRAY"，但一般不用于包装啤酒，主要用于包装衬衫、毛衣、食品和玩具等。四点胶合盒型最大的特点是盒底与盒盖的尺寸完全相同，能够完美吻合，不像其他盘式盒型，盒盖必须比盒底大，如图 2-76 所示。

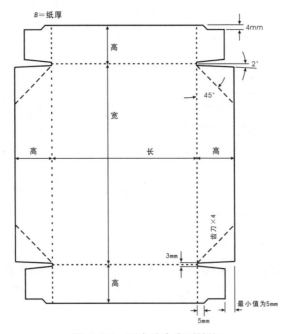

图 2-76　四点胶合盒型结构

④ 六点胶合盒型，该盒型是在四点胶合盒型的基础上进行变化和延伸的设计，广泛运用于冷冻食品、鱼虾、海鲜、蔬菜的包装。需注意的是，盒盖宽比盒底宽大了两张纸厚，圆形缺口的作用是方便以手指打开盒盖，如图 2-77 所示。

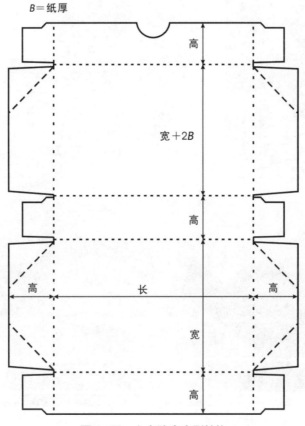

图 2-77　六点胶合盒型结构

至于硬纸盒，又称粘贴纸盒或固定纸盒，基材一般用挺度较高的非耐性折纸板或其他板材，然后用贴面材料裱褙而成，成型后不能折叠存放，只能以固定的盒型运输和仓储。它比一般的折叠盒有更好的强度和漂亮的外观，给人一种高级名贵之感，常用于高档商品和礼品的包装。常见的硬纸盒结构除了有前面已介绍的罩盖式、抽屉式之外，还有抽盖式、摇盖式及异形盒几种。

抽盖式是古典装潢盒中的仿木盒结构，厚纸板环三面开槽，上裱锦缎，对材料要求很高，一般用作高档物品包装，如图 2-78 所示。

摇盖式是硬纸盒中较常见的一种式样，底与盖后身连接在一起，形同衣箱，合拢开启方便，如图 2-79 所示。

异形盒是硬纸盒中最精细的一种，做工考究，设计空间很大，或者在造型上创新，或者在结构上创新（图 2-80），或者将几种结构结合在一起（图 2-81）。

图 2-78　抽盖式硬盒

图 2-79　摇盖式硬盒

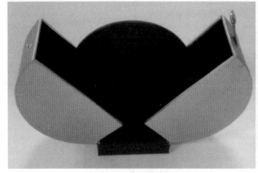

图 2-80　异形硬盒

图 2-81　罩盖+抽屉式硬盒

（2）纸箱包装结构。纸箱不同于纸盒，其包装主要应用于储备和运输。纸箱设计对于结构的标准化要求很严格，因为这直接影响货场上的整齐放置、货架上容积的有效利用，以及集装箱的合理运输，好的纸箱结构可以避免封口处开裂、鼓腰、结合部位破损等情况的发生。这里参照 FEFCO-ESBO（欧洲包装板制造工业联合会与欧洲硬纸板组织）国际通用瓦楞纸箱设计代码简单介绍一下瓦楞纸箱的常见结构，大致可分为开槽型、套盒型、折叠型及附件。

① 开槽型纸箱（02 型），又称对口盖箱，是纸箱中常用的最普通的造型结构。它是由一片瓦楞纸板组成的，无独立分离的上下摇盖，通过钉合、黏合或用胶带粘接等方法将箱坯接合制成箱体，箱体上下摇盖可以很方便地构成箱底和箱盖。纸箱制成成品后在运输储放时可折叠展平，使用时将箱底箱盖封合即可。这种纸箱有 20 多种式样，使用

时如果需要特殊的结构保护，还可以在设计的基础上进行更改，其主要结构如表 2-16 所示。

表 2-16　02 型纸箱主要结构

型号	优点	缺点	主要用途	示意图
0201	成型简单，材料利用率高，成本低	强度差，密封性差，需用胶带或捆绳封箱	市面上最常见的箱型，如快递箱，不宜装过重物品	
0207	箱板与卡板一体化设计，分隔保护物品	只能手动成型	分隔包装物品	
0211	封装简单，不用辅材	只能手动成型	类似于反向折叠纸盒，不宜装过重物品	
0217	快速锁底，封装开启皆方便；一体化提手，携带方便	材料利用率低	礼盒	

　　② 套盒型纸箱（03 型），一般由两片或两片以上的瓦楞纸板组成，如图 2-82 所示。其特点是箱体与箱盖分离，使用时才套接起来构成箱体。箱体正放时，箱盖可以部分或完全盖住箱体。这种箱型比较适用于堆叠负载强度要求较高的包装，其式样有 20 多种。

　　③ 折叠型纸箱（04 型），通常由一片纸板组成，不用订合或黏合，如图 2-83 所示。有 50 多种盒型，基本是盘式结构。

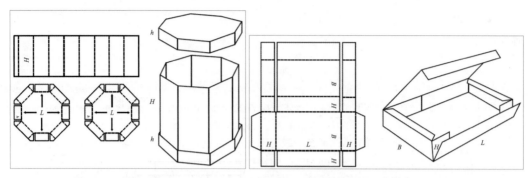

图 2-82　0350 纸箱　　　　　　　　　　图 2-83　0413 纸箱

④ 纸箱附件（09 型），如纸护角、隔板等，如表 2-17 所示。

表 2-17　09 型纸箱附件主要结构

型号	号段	代表示意图
平板型	0900-0903	0903
平套型	0904-0910	0905
直套型	0913-0929	0920
隔板型	0930-0935	4 × 0932
填充型	0940-0967	0941
角衬型	0970-0976	0973

⑤ 其他的箱型，如滑盖型（05 型，由两种型号的配件组合而成，有 10 种箱型）、固定型（06 型）、自动型（07 型）纸箱，如图 2-84~图 2-86 所示。

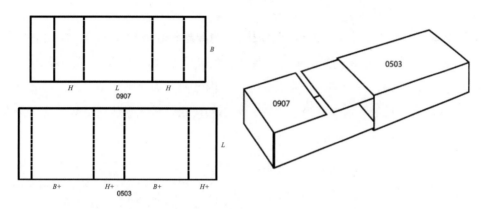

图 2-84　0509 纸箱

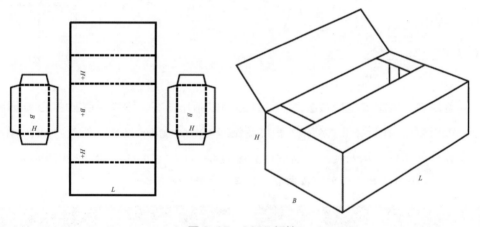

图 2-85　0605 纸箱

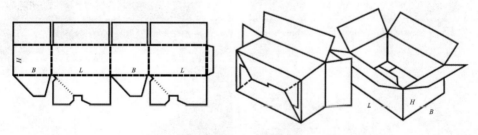

图 2-86　0711 纸箱

（3）展示盒包装结构。展示盒包装又称陈列式纸盒，也称 POP 包装盒，着重体现包装的促销功能，既可供广告性展示陈列，又能充分显示出包装物的形态，其结构主要有以下几种。

① 吊挂孔。在包装上设计吊挂孔，以便在货架上悬挂展示商品。吊挂孔与内装物重心应在同一条纵垂线上，如图 2-87 所示。吊挂孔的形式主要有圆形、圆角矩形、圆角三角形和"卜"形四种。

② 窗口。在包装上开窗，在窗口上蒙贴透明薄塑料片或玻璃纸等，使内装商品得以展示，消费者可在不触摸商品的情况下观察、挑选商品，如图 2-88 所示。开窗有一面、双面或三面开窗结构，开窗的位置要以充分展示内装商品为原则。窗口的廓形要增强装饰性，如梅花、心形等。窗口开设的位置、大小和形状要与纸盒装潢图案、文字及盒内衬板结构统一协调设计。

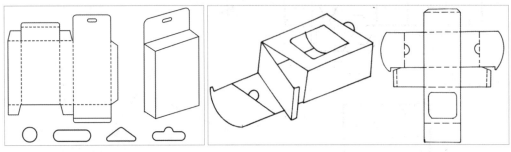

图 2-87　打吊挂孔　　　　　　　　　　　　图 2-88　开窗口

③ 展示牌。展示牌是指在纸盒上设计的用以制作图案、印刷说明文字及宣传用语等的板牌式结构。在折叠纸盒结构上稍加变化即可做成板牌式结构，如图 2-89 所示。

④ 陈列展示台。陈列展示台是在有支撑的形式下展示商品。通常做成半裸露式的包装，很适合吸引消费者目光、宣传品牌形象，如图 2-90 所示。

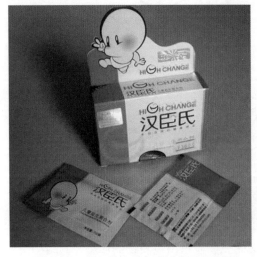

图 2-89　将包装盒稍加改造做成展示牌　　　图 2-90　半裸露式包装

（4）纸袋包装结构。纸袋是一端或两端封口的袋型纸质包装容器，一般由牛皮纸、纸袋纸、覆膜纸、镀铝纸、鸡皮纸和铜版纸等制成。最常见的纸袋是平底纸袋，袋的底部呈方形，纸袋撑开后可直立放置，不用时能折成平板状。平底纸袋既可用于零散商品的包装，也可用于外包装，使用方便、装潢精美，对商品促销有直接的作用，其结构如图 2-91 所示。

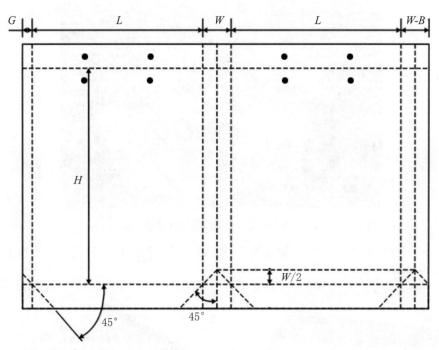

图 2-91　平底纸袋结构

下图来看几个通用礼盒的结构与材料设计。

图 2-92 所示的这款礼盒包装没有明确的产品，属于典型的通用型食品礼盒，从材料及工艺上都体现出了高端、上档次的调性。在结构上，采用抽盖式粘贴硬纸盒，为了方便抽出，在抽板中间粘了一个黄色的绸带扣。在材料上，盒底与盒周围使用中纤板覆以特种纸，中纤板虽然强度很大，但不适合异形加工，所以盒子正面采用工业纸板，上下两片分别裱以龙纹锦缎和银色菊纹纸，中间贴上一片碗形四色宫廷宴会图，碗形周围烫镭射流沙金，文字则以专色印刷。由此可见，该包装成本较高，而且中纤板上开槽做抽板轨道，报废率高，是这款设计的美中不足之处。

图 2-92　通用食品礼盒设计（由成都同意包装设计公司提供）

　　图 2-93 和图 2-94 所示的两款包装用材大同小异，但结构更为科学，材料上未用锦缎，工艺上采用了凹凸加工。

图 2-93　通用礼盒设计 1

图 2-94　通用礼盒设计 2

主题 **04**

包装容器设计

　　一个漂亮的包装，其基础在于容器造型的形态美，如果造型本身不美，即使包装再美也掩盖不了形体的缺陷。并且现代的容器设计已不是普通意义上的容器了，一件好的容器不仅能引起人们心情的愉悦和对美的联想，而且能点缀人们的生活、影响人们的观念、促进社会的进步。

　　因为生活或工作的需要，产生了各式各样的容器，它们为人类生活提供了方便。其中，有以实用为目的的，有以观赏为目的的，也有既实用又可陈列观赏的。现代容器设计的目的是，既要适应社会的实用性需要，又要满足人类社会对美的需要（图 2-95）。容器应用的范围很广，其中以食品类、酒类、化妆品类的容器设计为主。

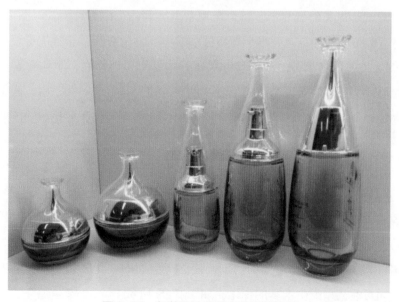

图 2-95　包装设计既要实用又要美观

容器可分为硬质包装容器和软质包装容器，前者主要以陶瓷、玻璃、金属等为原材料，通过模具热成型工艺制成瓶、罐、盒、箱等，这类容器成型后硬度大、防水、化学稳定性好，被大量用于酒、饮料、医药、化工等产品，以及防潮湿、防氧化等保护性要求很高的商品包装上。

1. 包装容器造型的设计要点

（1）包装容器的空间。包装容器的空间有限，它是由物体的大小和距离来确定的。容器除了它本身应有的容量空间外，还有组合空间、环境空间。因此，在容器造型过程中，还应考虑容器与容器排列时的组合空间，并考虑陈列时的整体效果，如图 2-96 所示。

图 2-96　考虑卖场陈列效果

（2）包装容器与形体的变化。容器造型的线形和比例是决定形体美的不可或缺的重要因素，而容器造型的变化则是强化容器造型个性所必需的。

① 线形：线条是造型的基本元素，基本线条有直线与曲线，它们造就了容器的方与圆，将曲线和直线组织在一起，可以形成既有对比又协调的整体。图 2-97 所示的容器造型，用的就是优美的流线形，整个瓶型看上去简约、耐看、大气；图 2-98 所示的容器造型将直线与曲线相结合，整个瓶型圆中有方、方中有圆，非常优雅。

② 比例：指容器各部分之间的尺寸关系，包括上下、左右，主体和副体，整体与局部之间的尺寸关系。容器各个组成部分（如瓶的口、颈、肩、腰、腹、底）比例的恰当安排，直接体现出容器造型的形体美。确定比例的根据有体积容量、功能效用、视觉效果等。

③ 变化：容器造型有柱体、方体、锥体、球体 4 种基本形，造型的变化是相对以上的基本形而言的，没有基本形，变化也就失去了依托。由于单纯的基本形比较单调，因此用或多或少的变化加以充实、丰富，能够使容器造型具有独特的个性和情趣。改变容器造型的手法有以下几种。

a. 切削：对基本形加以适当的切削，使之产生面的变化，切削部位的大小、数量和弧度的不同可使造型产生丰富的变化，如图 2-99 所示。

图 2-97　流线形造型　图 2-98　直曲线相结合　　　图 2-99　在基本形上切削

　　b. 空缺：根据便于携带提取的需求，或者单纯为了视觉效果上的独特而进行虚空间的处理。空缺部位可在器身正中或器身的一边，其形状要单纯，一般以一个空缺为宜，避免纯粹为追求视觉效果而忽略容积的问题。如果是功能上所需的空缺，应考虑到符合人体的合理尺度，如图 2-100 所示。

　　c. 凸凹：凸凹程度应与整个容器相协调，既可以通过在容器上加一些与其风格相同的线饰，也可以通过规则或不规则的肌理在容器的整体或局部上产生面的变化，使容器出现不同质感或光影的对比效果，以增强表面的立体感，如图 2-101 所示。

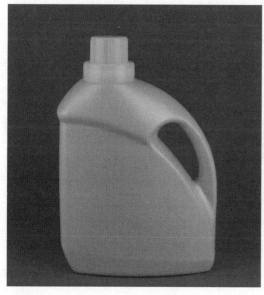 

图 2-100　空缺造型　　　　　　　　　　　图 2-101　凹凸造型

d. 变异：相对于常规的均齐、规则的造型而言，变异的变化幅度较大，可以在基本形的基础上进行弯曲、倾斜、扭曲或其他反均齐的造型变化，如"歪嘴"酒就曾风行一时。此类容器一般加工成本比规则造型要高，因此多用于中高档的商品包装，如图2-102所示。

e. 拟形：通过对某种物体的写实模拟或意象模拟，获得较强的趣味性和生动的艺术效果，以增强容器自身的展示效果。但要注意造型一定要简洁、便于加工，如图2-103所示。

图2-102 扭曲造型　　　　　　　　　　　图2-103 拟形造型

f. 配饰：可以通过与容器本身不同材质、不同形式所产生的对比来强化设计的个性，使容器造型设计更趋于风格化。配饰的处理可以根据容器的造型采用绳带捆绑、吊牌垂挂（图2-104）、饰物镶嵌等，但要注意配饰只能起到衬托点缀的作用，不能喧宾夺主，影响容器主体的完整性。

④ 雕塑：可用雕塑或传统陶艺的方法设计容器，如图2-105所示。

图 2-104　吊牌垂挂　　　　　　　　　　　　　　　图 2-105　陶艺造型

在进行以上任何一种变化时，都必须考虑到生产加工上的可行性。因为复杂的造型会使开模有一定的难度，而过于起伏或过于急转折的造型同样会令开模变得困难，造成废品率的增加，这些都会相对提高成本。同时还必须注意造型对于材料的特殊要求。

2. 容器与人体工程学

设计以人为本，设计的对象不是包装本身，而是人，因此要考虑使用的便利性，其中的重要体现就是与人体工程学相结合。

手对容器的动作总结起来有 3 种：把握动作（开启、移动、摇动）、支持动作（支托）、触摸动作（探摸）。根据手掌的人体工程学尺寸（表 2-18），适宜抓握物体的直径为 6.5~14cm（图 2-106）。一般来说，容器的直径最小不应小于 2.5cm，最大不应大于9cm（图 2-107），如果容器需要用的握力很大，其长度就要比手的宽度长。现在的瓶盖是标准化生产，有很多专门生产瓶盖的企业，有统一尺寸可供选择，所以瓶口和瓶盖的设计尺寸不可随意变化。

表2-18 成年人手掌尺寸（单位：cm）

性别 尺寸	男	女
手长	19±1.5	18±1.5
手宽	8.7±1	7.7±1
掌长	10.5±1	9.5±1

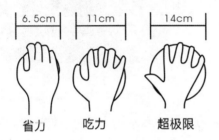

图 2-106 瓶盖与手的尺寸

图 2-107 容器的最佳直径与长度

主题 **05**

包装装潢设计

　　常言道："佛靠金装，人靠衣装"，这句话道出了广义包装的重要性。而包装装潢设计的目的是在销售过程中有效地传达商品信息并促进销售，是与消费者沟通的重要手段。中国台湾地区著名包装设计大师王炳南曾讲过"60 与 3 的法则"，说的是在卖场中消费者与货架的距离大约是 60cm，而眼睛扫视商品的平均时间不会超过 3s。那么如何在 60cm 距离、3s 时间之内吸引消费者呢？包装装潢设计就是一个重要的手段。这里主要探讨包装装潢设计的基本要素和视觉元素（文字、图形、色彩、版式）的设计章法。

1. 包装装潢设计基本要素

　　前面讲过，包装装潢设计可以看作一个鲜活的广告媒体，但包装毕竟不等于广告。广告文案有标题、正文、广告语和附文，可以缺一两样甚至是全部，但包装则不可。国家对很多包装信息内容有强制规定，如商标、厂址、经销商、生产标准、各种编码批号、原材料、规格、作用功效、认证标识、生产日期、保质期等，所以必须先了解包装装潢设计的基本要素，如图 2-108 所示。

图 2-108　包装装潢的基本要素

（1）商品名称。商品本身在包装上的名称无疑是最基本的要素，一般都用醒目的字体、字号和颜色标出。

（2）包装图像。展现在包装画面上的商品图像或其他图像，是吸引消费者注意力的一个重要元素，需要精心拍摄或设计。

（3）商品商标。生产厂商的专有标志，既是品牌的载体，也是品牌的主要视觉符号。注册的商标受国家法律保护，在商标旁用 ® 或 ⑱ 表示，未注册的商标用**TM**表示。

（4）商品说明，包括商品性能和商品特色。前者是指在包装上要注明的商品性质与功能、使用方法、注意事项及有效期限等；后者表明该商品在同类产品中独具的特点。良好的商品说明有助于商品的销售。

（5）商品规格。商品的规格、尺寸使用国家和国际通用的标准单位或专业术语来标明，包括赠品都得标明规格。

（6）商品厂名。商品厂名包括生产厂名、生产地址和联系方式，一般有电话，现在甚至可以通过扫描二维码进入公司网站、微信公众号、微博等。

（7）商品条码。商品条码被称为"商品身份证"，是与国际接轨的必要措施，商品可以同名，但条码是唯一的。商品条码在包装上是商品的快速识别系统，条码所标示的内容包含商品的产地、厂商、日期及产品属性等。我国一般用 EAN-13 条形码，由国家或地区代码、制造厂商代码、商品代码和校验码组成，如图 2-109 所示。其中，前面两位表示国家或地区，如 690-695 代表中国大陆，00-09 代表美国、加拿大，450-459 和 490-499 代表日本，30-37 代表法国，400-440 代表德国等。需注意的是，20-29 是卖场自编码号段。

图 2-109　EAN-13 商品条形码

当物品实在太小时，可以用 EAN-8 条形码，如口香糖。另外，条码与背景颜色需对比度比较大才能识别，因此忌用相近色，如蓝与黑、黄与白、红与蓝等。

2. 文字设计

在所有设计语言中，文字无疑是传达信息最明确、最全面的方式，但在物品丰富、信息量庞大的时代，文字必须经过设计才能加强传播效果、提高装饰效果、加深消费者印象，同时还能保证消费者准确地认识与理解。根据性质和功能，包装设计的文字可分为品牌类文字、广告类文字、说明类文字、附文等。

（1）品牌类文字包括品牌名称、商品名称、企业标识等，这些都是代表品牌形象的文字，大都是安排在主要展示面上，需精心设计，使其有独特的识别感。一般来说，品牌及企业标识都是已定的，在包装设计中大多只是设计商品名称。品牌类文字设计空间大，在可识别的前提下，根据商品特性，一般可用书法体、美术体或印刷体来设计。

书法体由手工书写而成，每个人写的都不会一样，在机器化、智能化、工业化、批量化生产的年代，给人以人情味、原生态、传统文化的感觉，如图 2-110 所示。并且不同的书法体传达了不同的调性，如篆书高雅、楷书朴实大方、隶书端庄、行书飘逸、草书奔放等。书法体笔画间追求无穷的变化，具有强烈的艺术感染力、鲜明的民族特色及独到的个性，且字迹多出自社会名流之手，具有名人效应，受到人们的广泛喜爱。

美术体是经过设计的字体，可分为规则美术字和变体美术字两种。前者作为美术体的主流，强调外形的规整、点画变化统一，具有便于阅读、便于设计的特点，但较呆板；后者通常非单字，是为一个主题而设计的，强调自由变形，无论是从点画处理还是从字体外形处理，均追求不规则的变化，非常适合表现品牌或产品的调性、独特性，如图 2-111 所示。

图 2-110　书法体

图 2-111　美术体

印刷体规范、整齐，科技感强，大体可分为饰线体（如宋体、罗马体）和无饰线体（如黑体、圆体）两大类。前者端庄典雅，后者简约现代，一般用于说明类文字，也可用于品牌类文字，尤其是药品包装，如图 2-112 所示。

以上只是对文字设计的大致分析，在实际设计中往往需灵活运用，甚至将几种字体混合使用，以达到一种对比强烈的效果，如图 2-113 所示。但需注意，易识别是第一位的，尽量少用识别性差的字体，如美术字或异体字，否则传播效果将大打折扣。

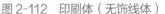

图 2-112　印刷体（无饰线体）　　　　图 2-113　混合字体

（2）广告类文字即包装上的广告语，是进行商品特色或差异性宣传的口号，一般安排在包装主要展示面上，但要注意主次。一般来说，广告类文字的视觉强度不要超过品牌类文字，以免喧宾夺主，如图 2-114 所示。

（3）说明性文字是对商品进行深入的介绍和描述，能使消费者进一步了解商品特性和使用过程，主要包括产品传说故事、产品用途、功效、成分、使用方法、规格、保质期等。这类文字通常采用可读性强的印刷体，在不影响阅读的情况下，字号宜小不宜大，一般安排于包装的侧面或背面，位于包装展示的次要位置，也可专门印成说明书装于包装内。

（4）附文通常包括厂名、生产厂址、电话、网址、生产日期等。需要注意的是，生产日期不是印刷上去的，因为包装与产品的生产难以同步，一般都是封装后打码上去的，所以在设计时需注意留足打码位置（图 2-115），否则会影响正文与生产日期的可读性。

总之，包装中的文字需准确、易识别、有主次、有整体性，在此基础上可将文字图形化，反映商品的特色，形成良好的货架印象。

图 2-114　广告类文字一般仅小于品牌类文字

图 2-115　设计包装时需留足打码位置

3. 图形设计

　　图形是人类最早记录信息和交流信息的手段，文字就缘于图形。人类对图形有本能的认知力，并且是跨越文字语言的。文字虽传递信息相对明确，但需要在头脑中转换一次，而图形则省去了转换这一过程，所以更直接快速，这就是导视图、交通标志等很少使用文字的原因。在信息爆炸的时代，海量信息让人难以静下心来研读抽象的文字，甚至文字都需要图形化，所以包装设计也要顺应这一形势，用好直观、生动的图形语言，引导消费者的购买行为。

　　包装上的图形丰富多样，既可通过摄影、手工绘制得到，也可用电脑绘制，还可运用具象与抽象的手法，归纳起来有标志图形、主体图形和装饰图形三类（图 2-116）。

标志图形

主体图形

装饰图形

图 2-116　包装图形类别

（1）标志即符号、记号，是一种大众传播符号。包装上的标志图形包括商标、认证标志及其他，是商品身份的象征和品质保证，是企业无形资产的载体，是消费者认知品牌的重要依据，是包装设计不可或缺的一部分，甚至有些知名品牌就以其商标作为包装的主要装饰图形。

商标是企业的"代言人"，代表商品质量与水平，是消费者识别商品的重要途径，但需要注意，企业标志不等于商品标志。质量认证标志是行业组织对商品的认证，如绿色食品、绿色环保、有机食品、清真食品、请勿乱扔垃圾等，一般位于次要位置。另外，工业包装上还有一些引起注意和警示的标志，如小心轻放、请勿倒置、防潮、防晒等。

（2）主体图形占据展示面的主要位置，有丰富多样的图形，如产品形象、原材料形象、产品使用者形象等。

产品实物形象是包装图形设计中最常用的手法，大多采用摄影、写实插画的形式表达商品的外形、色彩、材料，甚至直接开窗展示，以增加消费者的信任感，如图 2-117 和图 2-118 所示。

 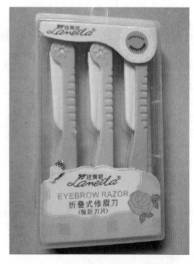

图 2-117　高清摄影实物照片　　　　图 2-118　开窗式展示实物

展示产地形象也是常用设计手法，尤其对于地方特产或旅游纪念品，产地属性会让产品"血统纯正"。当然大多是以文字描述地名，也有以地标风景或地方风土人情作为主图形的，使包装具有浓郁的地方特色，如图 2-119 所示。

消费者往往只看得到产品而看不到原材料，在包装上展示原材料有助于消费者了解产品特性，引起其购买欲望，如图 2-120 所示。

图 2-119　产地风土人情图片　　　　　　　　图 2-120　产品原材料图片

　　在包装设计中，采用使用场景的图片能与消费者产生共鸣，这也是化妆品或保健品常使用的招数，如图 2-121 所示。有时以产品形象代言人使用产品的照片作为主体图形，利用明星效应，符合消费者追星的心理。

　　有些商品缺少明确的形象，需要用象征、比喻、拟人等手法来表达，间接反映商品形象，如图 2-122 所示。

图 2-121　图片使人直观地了解受众范围　　　图 2-122　使用象征图片作为主图

有些商品的使用说明用文字难以描述，需要用图解来说明。说明一般在包装的侧面、背面等位置，有的甚至是附在包装里面的，如图 2-123 所示。

（3）装饰图形（如背景图）起到辅助装饰主体形象的作用，利用点线面等几何形体、图案纹样或肌理效果去丰富构图，如传统商品用传统图案、吉祥纹样，土特产用民间图样，高科技产品用抽象图形等（图 2-124）。

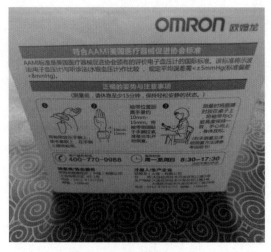

图 2-123　使用说明图片

图 2-124　使用装饰图形作为底图

（4）值得一提的是，看绘本成长起来的新一代年轻人喜欢"呆萌"的、原创的手绘插画风格。事实上，采用手绘插画风格的包装大多都取得了成功，如三只松鼠、江小白、农夫山泉等（图 2-125）。

图 2-125　手绘包装插画

在销售中，包装其实起到了广告的作用，尤其是终端广告。所以在设计时要准确传达信息，具备鲜明独特的视觉效果，既要注意与文字色彩的和谐统一，还要注意目标销售区域的禁忌。

4. 色彩设计

俗话说，远看颜色近看化。有人做过实验，在 1s 内 85% 的信息由色彩传达，3s 内 60% 的信息由色彩传达，5s 后 50% 的信息由色彩传达，所以最快捕获的信息非色彩莫属。例如，与一个人擦肩而过，若问他穿什么颜色的衣服，大多数人都能回答；若问衣服上有什么花纹或有几条花纹，则极少有人答得出来——包装设计也是如此。下面针对包装用色介绍几个基本原则。

（1）根据商品属性用色。有些产品在消费者印象中有着根深蒂固的印象色，一看色彩即知包装中为何物，如咖啡是褐色的、橙汁是橙色的、番茄酱是红色的等。所以在设计中要遵循这种规律，如绿茶饮料最好用绿色，慎用红色（图 2-126）。有些包装的颜色直接在产品中提取，然后稍作加工，让人一目了然；很多系列包装就是根据印象色来做的，虽然版式一样，但色彩不同，犹如一母所生的兄弟姐妹（图 2-127）。

图 2-126　对于有印象色的产品包装尽量用印象色　　　图 2-127　系列包装用色

（2）根据企业形象或营销策略用色。有些产品没有概念色，如无色水、科技产品等，此时就可以运用企业视觉形象（VI）识别系统的颜色，甚至将其运用于整个企业的产品中，使其具有统一的色彩，突出企业形象，提升品牌知名度（图 2-128）。例如，共享单车有的用红色、有的用黄色、有的用蓝色、有的用绿色，久而久之，看到颜色就知道是哪种单车。又如，矿泉水有的用红色、有的用绿色、有的用蓝色，久而久之，就在消费者心目中形成了企业形象色。

（3）根据色彩的情感象征用色。色彩本是不同波长的光线对视觉的作用结果，就像嵇康对音乐的理解一样：音乐"本无哀乐"，是一种客观存在，但听音乐的人感觉音乐有哀乐，其实是音乐作用于心理的主观感受，只是因不同年龄、性别、经历、民族与环境而有所差别。色彩无疑也同音乐一样，能调动人的情绪。所以，在包装设计中要充分研究色彩的情感表现规律，以反映商品属性，适应消费者心理，满足目标市场的需要。其一般规律如表 2-19 所示。

图 2-128　没有印象色的产品可以用 VI 色

表 2-19　色彩的情感象征

名称	色彩属性	情感象征及传达的信息
红色	波长最长	火热、活力、喜庆、危险，刺激食欲与购买欲（图 2-129）
蓝色	冷静、理性	平静、广阔、清爽、冰凉、洁净、高科技、未来
黄色	亮度最高	温暖、轻快、光明、豪华、高贵、超然、丰收、怀旧
橙色	居于红黄之间	热情、明朗、温暖、欢快、活力、富足、幸福、食欲
绿色	波长居中	生长、生态、舒适、希望、青春、新鲜、清新、和平
紫色	波长最短	高贵、深奥、神秘、富贵、优雅、恐惧、孤独
黑色	明度最低	沉重、悲哀、绝望、尊贵、高雅、工业、坚硬、男性
白色	明度最高	卫生、朴素、高尚、清爽、畅快、明亮、纯净
灰色	无个性、安静	中庸、朴实、平凡、雅致、科技，最佳配色
金银色	光泽色	高贵、华丽、财富、光彩
纯色调	纯度高	健康积极、开放热情、活力四射

续表

名称	色彩属性	情感象征及传达的信息
明色调	纯色加入少许的白色	清爽、明亮、清淡
浅色调	纯色加入较多的白色	柔软舒适、温和不刺激
淡色调	接近白色	整洁、清新
深色调	纯色中加入灰色	素雅、冷静、成熟、稳重、怀旧
暗色调	纯色中加入黑色	神秘、庄重、男性的力量和热情、传统而又古典
暗灰色调	接近黑色	高格调、豪华、高级、神秘、幻想

图 2-129　红色给人喜庆之感

（4）根据目标销售地区或目标销售群体的习惯用色。不同的性别、年龄、地域、民族、风俗、宗教等，其消费群体对颜色的理解也有所不同。例如，红色在我国代表喜庆，但在有些国家代表死亡；我国在葬礼上用白色，而欧美国家则是在婚礼上用白色等（前面讲的图案也有这些问题）。我国是多民族国家，各个民族对颜色的喜好也不尽相同。例如，蒙古族忌黑白，满族忌白色，而藏族以白色为尊；汉族喜黄色，而维吾尔族忌黄色等。男士多喜黑色、银色、深蓝色、深棕色等，女性则大多爱好粉色、玫瑰色、红色、浅紫色，儿童大多喜欢高纯度、高明度的颜色，所以设计包装时需根据实际情况选择颜色。

（5）注意陈列效果。商品包装不仅要考虑凸显单个包装的吸引力，更要注意商品陈列在货架上的效果。好的包装既能使单个包装有良好的货架印象，又能在批量陈列时形成新的视觉感受，在同类商品中脱颖而出。在图 2-130 所示的货架上有八九种饮料包装，它们的主色都是黄色，摆在一起就在色彩上同质化了，容易让消费者形成"视而不见"的盲点。所以在设计包装的主色时，一定要调研同类产品的颜色，另辟蹊径、出奇制胜，比如两大可乐的用色就做到了这点。

图 2-130　饮料区的陈列货架

（6）把握流行色趋势。为了确保包装设计的色彩符合潮流，必须在了解流行色的同时考虑商品的属性及其生命周期。如图 2-131 所示，这位设计师设计的 2018 年食品包装就把握了流行色趋势。

图 2-131　根据 2018 流行色设计的食品包装（来源：普象工业设计小站）

5. 版式设计

版式设计是指将文字、图片、色彩等元素按一定章法进行排列组合，以达到传递信息、满足审美需求的目的。即使有好的文案、好的图片，也找准了色彩，但若没有恰当的版式设计，视觉元素之间没有协调配合，视觉传达的准确性和表现力将会大打折扣。在设计时首先要把握商品需传达的调性，厘清信息的主次；然后初步确定版面结构，选择适宜的字体、字号，灵活运用色彩图形；最后调整一下版面，突出重点信息，吸引并引导消费者注意相关信息。

（1）包装版式设计原则。

① 清晰易读。建筑设计大师路易·沙利文说过，"形式追随功能"，现代设计的特征之一就是功能第一，包装设计的物理功能无疑是第一的；在包装装潢设计上，清晰传递信息无疑是首要的。若设计如狂草一般好看不好读，或许是好的艺术，但一定不是好的设计。前面提到过"60 与 3 法则"，要在 60cm 外的距离与 3s 内的时间里吸引人的注意力，并且还得让人看清包装装潢的主要信息（图 2-132）。

图 2-132　消费者选购商品

② 真实准确。一千个人看了有一千种结论，这是好的艺术作品；一千个人看了只有一种结论，这是好的设计作品。包装上面的信息不仅要真实，还要通过版式设计分出条理，引导视线，促进消费者与包装的交流，进而使消费者获得准确信息，而不至于产生其他理解。

③ 三维版式。与平面版式不同的是，包装是立体的，所以还要考虑各个面之间的关系，以及卖场环境等因素。

（2）包装版式设计步骤。

① 确定包装的调性。任何设计都不是拿到就开始做的，而是要做很多前期工作，前期工作做得越充分，设计才越科学，正所谓"谋定而后动也"。调性本是一个音乐方面的名词，这里借用到设计上来，是指设计对象的"性格"：是高端、严肃，还是大众、亲和。不同的调性对应不同的版式设计语言（具体可参见拙著《版式设计：平面设计师高效工作手册》），所以要准备充分的图文素材。

② 确定版式样式。根据确定好的调性来确定视觉度、图版率、跳跃率、空白率等，版面样式如表 2-20 所示。

表 2-20　版面样式

样式	定义	结论
视觉度	图片或文字对视觉的吸引强度	1. 抽象图案 > 具象图案（人物（脸部 > 其他部位）> 动物 > 植物 > 景物 > 文字 2. 视觉度越低越严肃，越高越亲和
图版率	版面中图片与文字所占面积的比率	图版率越低越严肃，越高越活泼
跳跃率	版面中最大字号与最小字号、最大图片与最小图片的比率	跳跃率越低越严肃，越高越活泼
网格拘束率	文字、图片受网格约束的程度	网格拘束率越高越严肃，越低越有活力
空白率	版面上的图片文字所占面积与空白面积的比率	空白率越低，信息量越大，感觉越亲民；空白率越高，信息量越小，感觉越典雅
文字外观	字体、字号、间距、对齐等	文字字号小、对齐、行间距大显得高端，反之显得大众化

③ 进行微调。为了强化主题、协调各视觉元素之间的关系而微调距离、对齐、字号等。

下面以两个品牌的巧克力包装的版式设计进行样式分析。图 2-133 与图 2-134 所示的是两个品牌的巧克力包装设计，它们传达出不同的调性，从版式设计样式上的分析结果如表 2-21 所示。

图 2-133　A 品牌巧克力包装设计

图 2-134　B 品牌巧克力包装设计

表 2-21　两个品牌的巧克力包装版式设计对比

品牌	字体	空白率	视觉度	网格拘束率	跳跃率	图版率	给人的感受
A	活泼的美术体	低	强	低	高	高	亲和力、活泼
B	严谨的无饰线字体	高	弱	高	高	低	高品质、典雅

　　当然，除了版式设计语言传达了不同的调性外，这两款巧克力包装在材质工艺上也有所不同。其他类似的例子有很多，如图 2-135 和图 2-136 所示的两个品牌的蛋糕包装，希望读者根据这个章法在现实中多找些案例去比较、琢磨、领悟、实践。

图 2-135　C 品牌蛋糕包装设计

图 2-136　D 品牌蛋糕包装设计

主题 **06**

包装印刷工艺

精美的包装既需要精心设计，也需要精心制作，包装制作的一个重要环节就是印刷工艺。包装印刷工艺是包装设计的物化过程，是商品进入流通领域前的重要环节，是提高商品的附加值、增强商品竞争力、开拓市场的重要手段和途径。普通四色印刷一般都满足不了包装印刷的需要，所以设计者应该了解必要的包装印刷工艺知识，使设计出的包装作品更加具有功能性和美观性。

印刷缘于印章，印章在战国时代就已出现，随后出现了拓印，也就是印刷的雏形。唐朝时出现了雕版印刷，是中国古代印刷的主流。宋朝毕昇发明了活字印刷术，用胶泥烧制活字。元代王祯发明了木活字并设计了"转轮排字架"，撰写了《农书·造活字印书法》。明朝出现了铜活字。1440 年，德国人古登堡发明了铅活字和脂肪性油墨，成为现代印刷术的创始人。从 1845 年到 20 世纪中叶，全世界基本都实现了印刷工业机械化。随着计算机的发展，"桌面印刷系统"成为主流，未来印刷必向绿色、服务、高效、数字化、智能化方向发展。需要强调的是，包装和标签印刷领域将持续快速发展。

1. 印刷工艺流程

包装装潢质量取决于两大因素：设计与印刷工艺。设计只有与制版、印刷密切配合，才能达到预期目的。设计者需熟悉印刷工艺流程，在设计时应考虑使用哪种印刷方法，采用哪些加工工艺。在包装成型之前，需要经过一系列有序的印刷加工工作，一般流程如图 2-137 所示。

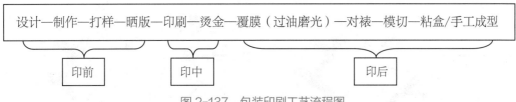

图 2-137　包装印刷工艺流程图

为了提高印刷质量和生产效率，在印刷前应注意查看设计稿有无需要增删或调整的内容，以及文字和线条是否完整；检查套版线、色标及各种印刷和裁切用线是否完整等。只有这样，才能提高生产效率，保证印刷的顺利完成。

2. 包装印刷工艺

包装印刷是印刷行业中一个重要的类型，除了传统的方法外，还有很多新的印刷方法（如全息印刷、喷墨印刷、不干胶印刷等），再加上后期加工工艺，使包装除了保护功能外，还具有一定的设计传播作用。

（1）印刷方法。纸包装印刷的方法有很多种，传统的印刷方法主要有凸版、凹版、平版、丝网印刷等几类。此外，还有一些新的印刷方法需要了解，所采用的印刷方法不同，操作不同，成品的效果也不同。

① 凸版印刷。凸版印刷是最早的印刷技术，雕版印刷、活字印刷其实都可以算是凸版印刷。凸版印刷是指图文部分高于非图文部分，墨辊上的油墨只能转移到图文部分，而非图文部分则没有油墨，从而完成印刷品的印刷（图 2-138）。凸版印刷机有平压平型、圆压平型、圆压圆型 3 种。如果文字多、图像少，或者文字的更改次数多，印品数量不大，则可用凸版印刷；印图片最好选用铜版纸，才能获得较完美的网点。

需要强调的是，凸版印刷中有以橡胶板或感光树脂版作为印版的，称为"柔版印刷"，因其印速快、印制材料范围广、印刷质量好，所以在包装印刷领域被广泛应用，甚至有与烫印、模切一体化的柔版印刷机。

② 凹版印刷。与凸版印刷相反，凹版印刷是图文部分低于非图文部分，形成凹槽状。油墨只覆于凹槽内，印版表面没有油墨，将纸张覆在印版上部，印版和纸张通过加压，将油墨从印版凹下的部分传送到纸张上（图 2-139）。按印刷幅面，有单张纸印刷与卷筒纸印刷之分，现在以后者居多。为提高效率，往往还配置一些辅助设备，如印书刊可配折页设备、印包装可配模切设备等。凹版印刷的印制品具有墨层厚实、颜色鲜艳、耐印率高、印品质量稳定、印刷速度快等优点，适合印制高品质的产品，不论是彩色图片还是黑白单色图片，凹版印刷都能高度复原摄影照片的效果。

图 2-138　凸版印刷原理示意图　　　　　　图 2-139　凹版印刷原理示意图

③ 平版印刷。平版印刷又称"胶印"，印版的图文部分和非图文部分保持表面相平，利用油水互不相溶的原理，图文部分覆一层富有油脂的油膜，而非图文部分则吸收适当水分。上油墨时，图文部分排斥水分而吸收油墨，非图文部分因吸收了水分而形成抗墨性（图 2-140）。最新的平版印刷工艺是无水胶印，省去了不易控制的水，不仅墨色均匀、饱和度高，而且生产效率高，有可能代替传统的有水胶印。

平版胶印对纸质的要求不像凸版印刷那样高，只要不过于粗糙即可，并且印刷效果比凸版柔和圆润（马口铁也是采用凸版印刷）。胶印版经得起压磨，可达上百万印次，是印版种类中使用时间最长的。但该印刷品具有线条或网点中心部分墨色较浓、边缘不够整齐、色调再现力差、鲜艳度缺乏等缺点。由于平版印刷的方法操作简单、成本低廉，因此成为目前印刷领域使用最多的方法。

④ 丝网印刷。丝网印刷又称"丝漏印刷"或"丝印"，是指在刮板挤压作用下，油墨从图文部分的网孔中漏到承印物上，而非图文部分的丝网网孔被堵塞，从而完成印刷品的印刷（图 2-141）。其印刷品质感丰富、立体感强，且这种印刷方法对于承印物的材料没有太多要求，所以广泛应用于各种包装材料中。另外，丝网印刷还可以进行大面积印刷，印刷产品最大面积可达 3m×4m，甚至更大。

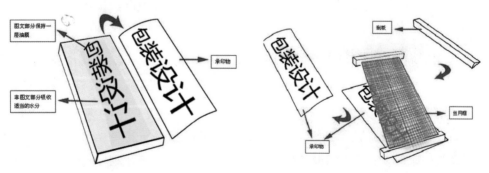

图 2-140　平版印刷原理示意图　　　　　　图 2-141　丝网印刷原理示意图

⑤ 数码印刷。数码印刷是将计算机和印刷机连接在一起，不需要单独制版设备，

将数码信息文件直接制成印刷成品的过程。数字印刷的优点是：一张起印、无须制版、立等可取、即时纠错、可变印刷、按需印刷，与传统印刷相比非常灵活，适合信息时代的需求，具有广阔的发展空间，如小印量图书、商业印刷（菜谱、展会样本等）、票据印刷、防伪印刷等。

⑥ 热转印。热转印是一项新兴的印刷工艺，在很多材料上均可使用，无须制版、晒版，方便快捷、立等可取。只需先将图案打印在薄膜表面，再通过加热转印到产品表面即可，成型后油墨与产品表面融为一体，层次丰富、色彩鲜艳、色差小，适合大批量生产。

（2）印刷工艺。印刷工艺的选择与应用包括制版、印刷、烫压、过胶或特殊印刷工艺、机制粘盒及手工裱糊等。纸品包装印刷工艺有很多，下面为大家介绍几种常用的印刷工艺。

① 烫金。烫金工艺的表现方式是将所需烫金或烫银的图案制成凸型版加热，然后在被印刷物上放置所需颜色的铝箔纸，加压后，使铝箔附着于被印刷物上，如图 2-142和图 2-143 所示。烫金纸有很多种颜色，如金色、银色、镭射金、镭射银、黑色、红色、绿色等。

图 2 142　烫金工艺 1　　　　　　　　　　图 2-143　烫金工艺 2

② 覆膜。覆膜又称"过塑""裱胶""贴膜"，是指用覆膜机在印品的表面覆盖一层透明塑料薄膜的一种产品加工技术，起保护和增加光泽的作用（图 2-144）。经过覆膜的印刷品，表面会更加平滑、光亮、耐污、耐水、耐磨。一般用聚丙烯（PP）或聚酯（PET）等，有亮膜和哑膜之分。

③ 凹凸压印。凹凸压印又称压凸纹印刷，使用凹凸模具，在一定的压力作用下，使印刷品基材发生塑性变形，从而对印刷品表面进行艺术加工。压印的各种凸状图文和花纹显示出深浅不同的纹样，具有明显的浮雕感，增强了印刷品的立体感和艺术感染力（图2-145）。凹凸压印工艺多用于印刷品和纸容器的后加工环节，除了用于包装纸盒外，还广泛应用于瓶签、商标，以及书刊装帧、日历、贺卡等产品的印刷。

④ UV印刷工艺。UV印刷工艺是在承印物上印上一层凹凸不平的半透明油墨，然后经过紫外光（UV）固化，在想要的图案上裹上一层光油（有亮光、哑光、镶嵌晶体、金葱粉等），主要是提升产品亮度与艺术效果，保护产品表面，其优点是硬度高、耐腐蚀摩擦、不易出现划痕等（图2-146）。

 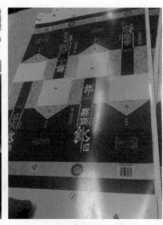 

图2-144　覆膜工艺　　　　图2-145　凹凸压印　　　　图2-146　UV印刷工艺

主题 **07**

系列化包装及概念包装设计

　　系列化包装设计在所有包装设计中最有影响力和视觉冲击力。当产品研发出来要投放市场时，可设计一整套包装，投放市场后的影响力要远远高于"单打独斗"的包装。

　　设计有两种途径：一种是需求引发设计，另一种是设计引领需求。所谓"设计改变生活"更多的是指后者，这种超前性、引领性的设计就是概念设计。

1. 系列化包装

　　系列化包装又称"家族式"包装，是指把同一企业或品牌下不同种类的产品用一种统一的形式、形象及标识等进行统一的包装设计，使造型各异、用途不一却又相互关联的产品形成一个家族体系。它们呈现出共同的特点，这种共同的特点突出了产品包装的共性，在视觉上形成了一个"家族"的感觉，而每一件商品包装的个性又能使消费者分辨出它们之间的差别，就好像是看到一个大家族的兄弟姐妹一样。在各大商场货架上琳琅满目的商品中，经常可以看到同一类产品的包装设计十分相似，它们要么只是颜色发生了改变，要么只是新增了一点文字说明等，使商品包装呈现出一个系列，这种系列化的包装方式越来越受到生产厂商的青睐。

　　系列化包装的优势有以下几点。

　　（1）有利于品牌的树立与推广。它是将同一商标统辖下的所有商品在形象、色彩、图案和文字等方面采取共性设计，使之与竞争企业的商品产生差异，更易识别，不仅有利于形成品牌效应，还有利于提高品牌知名度、扩大销售、降低成本（图 2-147）。

　　（2）有良好的陈列展示效果。系列化包装强调商品群的整体面貌设计，因此声势浩大、特点鲜明、整体感强，放在货架上形成大面积展示空间，能产生较强的视觉冲击力（图 2-148）。这种群体美、规则美和强烈的信息传达，能让消费者立即识别和记忆，并加深印象，提高产品竞争力。

图 2-147　系列化包装有利于品牌的树立与推广　　图 2-148　系列化包装有良好的展示陈列效果

（3）有较好的广告宣传效果。前面提到过，包装是广告的另类媒体，是终极广告，而系列化的包装就像系列化的广告，因其"家族"特性，似曾相识又略有区别，不断地刺激消费者的眼球，加深印象，在商品宣传中能取得"以一当十"的效果。

（4）有利于新产品的开发。当一个产品在市场上获得消费者的信任时，很有可能引起重复购买，也会使消费者对其系列的其他产品产生好感（当然，一荣俱荣一损俱损，需特别注意经营），于是推出新产品时就能减少一些宣传与沟通。因此，在追求个性化、差别化的同时也必须形成有机的整体。

那么该如何设计系列化包装呢？其实就是"统一与变化"，主要有以下几点。

（1）突出品牌标识。品牌标识是企业形象和产品形象的核心，是商品的标记，是信誉的载体。在系列化包装中可将品牌标识放在醒目位置进行强化，同时弱化其他元素，让消费者快速识别（图 2-149）。

图 2-149　千禾味业系列包装

（2）规范版式。将品牌标识、图形和文字的相对位置统一，并在此基础上做出变化，是"家族化"包装设计的常用手法之一（图 2-150）。

（3）把握色调。可根据具体商品的类型和特征，以某种色调或品牌专用色作为一个系列包装的主色调，然后在次要颜色中做出变化，使消费者从色彩上识别品牌和产品（图 2-151）。当然，也可以在版式相同的基础上用不同的色彩区别产品。

图 2-150　规范版式　　　　　　　　　　　图 2-151　把握主色调

（4）统一图形风格。无论图形是照片还是插画，在设计中都应把握其风格的一致性及表现技法的统一性（图 2-152）。

（5）统一造型特征。包装的外观造型是展示商品、塑造产品形象的有效手段，在包装中注入赏心悦目的外观造型是十分必要的。在系列包装中统一造型风格但又有一些大小、色彩等的变化，也能成为整体性比较强的一个系列（图 2-153）。

图 2-152　统一图形风格　　　　　　　　　图 2-153　统一外观造型

2. 概念包装设计

概念设计就是一种介于设想和现实之间的设计，设计师利用概念设计向人们展示新颖、独特、超前的构思，是创造性思维的一种体现，概念产品是一种理想化的物质形式。正如时装表演，现在的人无法接受，但或许若干年后就司空见惯了——概念包装设计也是如此。概念包装设计的价值在于，对发展的、前沿性的市场有把握和操作的能力，引导消费、欣赏，改变使用方式和生活，社会性的意义很大，一些知名公司就不定时地为其旗下的产品设计概念包装（图 2-154 和图 2-155）。概念包装的设计切入点非常丰富，从功能、储运、展示、销售、结构、材料、工艺、装饰等方面，都可以进行概念包装的设计研究、试验、表现。

图 2-154　可口可乐概念包装　　　　图 2-155　喜力啤酒概念包装

概念包装是指以创新为本位、以试验为基础、以未来需要为导向的设计学科，它的特征有两点：一是视觉上有较强的时代性和连续性，二是设计上有领先探索性。

（1）概念设计原则。

① 科学性：既不是徒有其表的新形象，也不是哗众取宠的猎奇物，而是通过系统调查、分析、总结、试验等得出的结果，不仅体现了社会发展水平、人的思想意识和生活方式，也体现了科学研究水平、对传统的反思和新认识、还体现了对传统材料的再认识利用及新材料、新工艺的研发等。

② 原创性：只有遵循与众不同的原创原则，并有独特的见解与个性，所做出的设计才会有活力和竞争力，具有探讨精神和研究意义；才能得出全新的方案，区别于同类的设计才有真正的意义，显示创造的进步性。

③ 以未来发展需要为导向：要考虑艺术的形态、浪漫的想象、材料的运用、结构的合理性、工艺性能的提高等一系列的问题，设计必须遵循严谨性和相互联系的理性原则，以及一系列的创新原则。

（2）概念表述。

主题是概念设计率先提出的原创点，围绕概念设计主题，提出设计方案，突出主题的内涵，表现主题的形态。概念主题可尝试在时空概念、性能概念、形态概念、抽象概念、节庆概念、生态概念等方面引发创造性思维，使设计目标有一定的深度和广度，特别是要符合文化内涵、艺术形式、技术手段的需要。

① 时空概念：历史和传统文化概念、地域文化概念、时代人物概念、宇宙星空概念、季节概念、时间概念（图 2-156 和图 2-157）。

图 2-156　传统民俗概念包装　　　　　　图 2-157　节庆概念包装

② 性能概念：材料概念、结构概念、防护概念、储运概念、使用方式概念等（图 2-158 和图 2-159）。

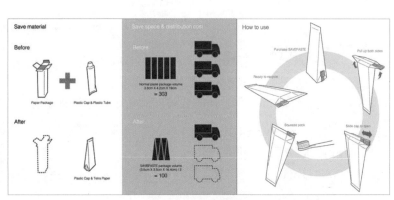

图 2-158　运动饮料　　　　　　图 2-159　节约环保经济概念牙膏包装
　　　　概念包装

③ 形态概念：外观造型概念、色彩概念、形象装饰概念、展示销售概念等（图 2-160 和图 2-161 ）。

图 2-160　造型概念包装 1　　　　　　　　　图 2-161　造型概念包装 2

④ 生态概念：环保概念、健康概念、能源概念等（图 2-162 ）。

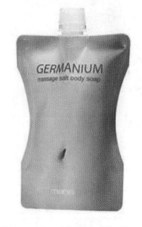

图 2-162　健康概念包装

学习小结及实践

　　包装设计属于商业设计，要遵从商业设计的流程。首先须签好合同，做足前期调研及品牌诊断工作，然后再设计初稿，提案汇报后进行调整，定稿后需要打样测试，微调后再生产。

　　包装材料种类繁多，每个大类下又有很多类别，需熟悉常用材料的优缺点、价格、加工工艺及适用场合，并随时关注新材料、新工艺。

包装的功能除了材料和装潢能实现一些外，结构设计也是相当重要的一个方面。包装结构在保护功能、便利功能、防盗功能、展示陈列功能等方面都有广阔的设计空间。在纸包装结构方面，纸箱、纸盒（折叠纸盒与硬纸盒）、纸袋等都有比较成熟的标准可供借鉴。

包装容器设计除了要注意其本身造型和材料工艺之外，还需要注意展示陈列效果、人体工程学等因素。

装潢之于容器犹如彩绘之于泥胎，是视觉出彩的重要环节之一。设计者须熟悉包装装潢有哪些必备元素和强制规定，需设计出既和谐统一，又符合法律法规及行业规范的包装。

包装印刷包括四大传统印刷和一些新兴印刷技术，须熟悉每种印刷方式的特点及适用范围，以便设计时灵活选用；为提升视觉、触觉效果，可选择适当的印刷加工工艺。

为加强货架印象、提升品牌效应、降低宣传成本，可设计系列包装。在设计系列包装时，可以在版式、造型、图案、文字、颜色等几个要素中做一些统一和变化。

概念包装应追求材料形式表达的自由度，引导消费者审美趋向，促成新的生活方式。设计概念包装时需围绕既定的主题，通过头脑风暴等方式实现。

实践

（1）带着材料、工艺、造型、装潢、展示陈列等问题，去超市或商场等购物场所，观察包装设计并记录发现的问题和收获。

（2）选择市场现有的一个品牌，针对其包装设计进行市场调查，并根据调查数据做出分析与总结，找出其存在的主要问题，针对具体情况撰写调查报告，进行包装设计构想（可以是改良包装设计、拓展包装设计或全新包装设计）。

要求：定位准确，调查细致，构想有新意，不少于 1000 字。

（3）首先去纸张供应商店了解常规包装用纸和特种包装用纸的种类、特点、克数等；其次去包装印刷厂参观印刷工艺与流程；最后在了解印刷工艺的基础上，完成包装作品的印刷设计。

（4）找管式、盘式、异形、陈列式、折叠式纸盒各2个以上，1个手提袋，拆开观摩其材料、结构、尺寸等，并临摹制作。

（5）设计一个容器（化妆品、饮料、调料等容器均可），可不装潢。

（6）根据前面完成的调查报告，设计一套系列包装。

要求：5~8件，可以是包装改造、包装拓展或全新设计，包括盒形和袋型；撰写300字左右的设计说明；需有设计图纸（结构图、展开图和效果图）；需制作提案汇报PPT。

第2篇

鉴赏篇
PART 2

经典包装为何经久不衰？它们到底有哪些值得学习和借鉴的地方？在具体设计工作中，一些不知名但比较成功的包装又有哪些亮点？

若知识点是骨架，那么众多的案例则是肌肉。在对包装设计有了一个系统的认识后，再带着这些知识去分析、评价一些知名的或成功的包装，就会更深入地理解包装设计的本质。

第3章
经典包装的经典之处

在包装设计的发展历程中，出现了许多令人印象深刻的包装，它们以其长久的生命力、科学性、审美性成为包装设计发展史上一个个闪亮的设计经典。本章就列举一些具有代表性的例子，望各位读者能从中领悟出包装设计的真谛。

主题 **01**

使用便利

现代设计的标志之一就是由服务精英到服务平民，因此追求舒适、方便、快捷。前面说的"以人为本""提升用户体验"，其实从另一个角度看，就是源于人性中的"懒"。从步行、坐马车到乘坐汽车、飞机；从写书信到发电报、打电话、网络通信；从蒲扇到电扇、空调……从手工时代到蒸汽时代、电器时代、智能时代，现代科技的原动力几乎都是源于"懒"。包装设计也必须遵循这一规律。

1. 易拉罐

前面提到过，金属包装容器有 200 年以上的历史，先是发明了金属罐，接着出现了金属软管。1940 年，欧美开始售卖不锈钢罐装的啤酒，同时出现了铝罐。1959 年，美国人发明了易拉罐，即用罐盖本身的材料经加工形成一个铆钉，外套上拉环再铆紧，配以相应的刻痕而成为一个完整的罐盖，适用于三片罐和两片罐。这是一次开启方式的革命，给人们带来了极大的方便和享受（图 3-1）。目前，市场上大都采用易拉罐作为啤酒、碳酸饮料、食品、罐头等的包装，是名副其实的包装容器之王。随着设计和生产技术的进步，铝罐趋向轻量化，从最初的 60g 降到了 1970 年的 21 ~ 15g。除了开启便利外，其包装材料也很环保、经济，回收率在 60% 左右。

图 3-1　易拉罐

2. 喷雾压力罐

喷雾罐由阀门、容器、内装物（包括产品、抛射剂等）组成，其原理是利用气压将内容物压出阀门。喷雾罐于 1929 年在挪威被发明，1940 年应用在包装技术上并在美国市场取得了成功。它的优点在于其人性化的设计，突出了使用上的便利性，可以将液体均匀地呈雾状喷洒出来，方向和压力大小都很容易控制。之后，这种结构的压力罐也用于膏状产品的包装（图 3-2）。一般用金属、铝制成，也有用其他更经济的材料制作的。

图 3-2 喷雾压力罐

3. 便携式鞋油包装

便携式鞋油最先由"KIWI"（奇伟）鞋油公司于 1906 年设计出来。在 19 世纪，穿着高档的富裕阶层想让自己的衣着随时都是笔挺、一尘不染的，于是便于携带的鞋擦式鞋油随之诞生（图 3-3）。进入 20 世纪后，其制作方法不断改进，在包装的开启和使用上更加便利（图 3-4）。在两次世界大战期间，便携式鞋油成为军官们随身携带的必需品。并且战后退伍的军人们依然保持了使用便携式鞋油的习惯，于是这种产品逐渐成为平民百姓的用品，一直流传至今，甚至一些宾馆都配备这种包装的鞋油。

"KIWI"鞋油包装设计成功的关键，一是使用和携带上的方便性，二是设计上的色彩组合和"无翼鸟"标识长期建立起来的品牌信誉。

图 3-3　奇伟鞋油包装

图 3-4　便携式鞋油包装

当然，还有很多的例子，比如前面介绍过的利乐包装，将吸管附于包装上方便饮用，或者将盖子连着容器防止丢失等。

无论是在设计还是在生活中，提出问题比回答问题更重要，关键是设计师要热爱生活、善于观察、善于思考，只有能发现问题，才有机会解决问题。

主题 **02**

持之以恒

　　绳锯木断，水滴石穿，持之以恒往往会产生巨大的力量。在包装上也有很多这样的案例，坚持既有的色彩、图案、标志、造型等不变，久而久之就在人们心中形成了一种特定印象，也就形成了一个品牌符号。例如，"绝对伏特加"坚持瓶型不变，广告中也一直强化瓶型，做了数十年、数百幅的系列广告；又如，打着"MUJI"（无印良品）标记，以无牌胜有牌的极简包装等。

1. 亨氏食品包装

　　亨氏是一家著名的食品企业，旗下有数千种产品，在我国则以婴儿食品为主（图3-5），值得称道的是，其包装坚持楔形图形一百多年不变。

　　1860 年，16 岁的 H.J. 亨氏（也译作"海因兹"）开始从事包装贩卖业，他把在美国自家院子里种植的芥末料装在玻璃瓶中进行销售。1886 年，以他自己名字命名的品牌"HEINZ"番茄酱在英国伦敦销售。1905 年，"HEINZ"食品加工厂在伦敦建立。"HEINZ"的包装形象具有很强的识别力，自 1880 年以来，一直保持了其包装上的楔形图形标记和基本版面设计，它和商品本身一起迅速成为"HEINZ"公司的形象代表，并成为世界知名的品牌（图3-6）。它的长盛不衰，与其一贯的产品形象给人们留下的印象，以及树立起的品牌形象是密不可分的。

图 3-5　亨氏婴儿食品

图 3-6　亨氏食品包装

2.　"TOBLERONE" 巧克力包装

与亨氏楔形图案一样，"TOBLERONE"巧克力凭借其商标与三角形包装盒，在众多巧克力产品中脱颖而出。从 1908 年到现在，在结构和设计上一直没有大的改变。这个形状的灵感来自于瑞士雪山山顶三角形的形状（图 3-7）。只是随着新产品的增加，对底色略加调整以示区别（图 3-8）。因此，它的设计成功之处在于给消费者以强烈、持久的印象，这样做使新产品的广告宣传费用大大降低，完全可以借助其品牌自身的魅力来赢得市场。根据英国的调查，94％的消费者仅凭包装上的三角形就可知道是"TOBLERONE"的产品。

图 3-7　瑞士三角巧克力包装 1

图 3-8　瑞士三角巧克力包装 2

主题 **03**

造型优美

爱美之心人皆有之，在满足了生理和安全的需求后，人们就会有精神方面的需求，特别是在物质丰裕、生产过剩的年代，"颜值"更是一大重要卖点。

1. "可口可乐"山姆森玻璃瓶

可口可乐的玻璃瓶以其优美的曲线形态为世界各地的人们所熟知。但早期的可口可乐包装，由于不断被轻易仿冒而倍受困扰。1900 年，公司决心重新进行造型设计，但一直没有令人满意的方案。1913 年公司提出了创意概念："可口可乐的瓶型，必须做到即使是在黑暗中，仅凭手的触摸就可认出来。白天即使仅看到瓶的一个局部，也能让人马上知道这是可口可乐的瓶"。于是，1915 年，可口可乐公司从鲁特玻璃公司的工人亚历山大·山姆森手中以 600 万美元的天价买下"山姆森瓶"的专利，这个优美曲线的瓶型就开始广泛应用了。

早在这一交易发生的十多年前，山姆森在同女友约会时，发现女友穿着件筒型连衣裙，显得臀部突出，腰部和腿部纤细，非常好看。约会结束后，他就根据女友穿着这件裙子的形象，经过反复修改设计出一个玻璃瓶。

这种 192mL 的玻璃瓶不但造型优美，似亭亭玉立的少女，且握在手中不易滑落（图 3-9）。此外，由于瓶子的结构是中大下小，当它盛装可口可乐时，给人的感觉是分量很多的，给消费者带来很强的心理暗示。而且可口可乐公司使用此包装后，销量大增，两年内翻了一番，并迅速风靡世界。大规模调查表明，许多消费者都认为，正是由于这种玻璃瓶，才使人们觉得这种饮料具有极好的口感。

图 3-9　山姆森瓶

2. 香奈尔 5 号香水包装

1921 年 5 月，当香水创作师恩尼斯·鲍将他发明的多款香水呈现在香奈尔夫人面前让她选择时，香奈尔夫人毫不犹豫地选出了第五款，即现在誉满全球的香奈尔 5 号香水。然而，除了那独特的香味外，真正让香奈尔 5 号香水成为"香水贵族中的贵族"的却是它的包装。

现代服装设计师出身的可可·香奈尔夫人，把服装设计由"五花大绑"的繁缛风格推向简洁、优美、舒适的风格——在设计香奈尔 5 号香水瓶型上也是如此。"我的美学观点与别人不同，别人唯恐不足地往上加，而我一项项地减除。"这一化繁为简的现代设计理念，让香奈尔 5 号香水瓶简单的包装设计在众多繁复华美的香水瓶中脱颖而出，成为最新奇、最另类，也是最为成功的一款造型。香奈尔 5 号以其宝石切割般的瓶盖、透明水晶的方形瓶身造型、简单明了的线条，成为一股新的美学观念（图 3-10），并迅速俘获了消费者。从此，香奈尔 5 号香水在全世界畅销，至今仍然长盛不衰。

1959 年，香奈尔 5 号香水瓶以其独有的现代美荣获"当代杰出艺术品"称号，被纽约现代艺术博物馆作为展品进行陈列，成为名副其实的艺术品。

图 3-10　香奈尔 5 号香水瓶

主题 **04**

环保廉价

科技与资源是一对矛盾的关系，科技越发达，对资源的消耗越大，对自然的破坏也就越大，所以老子倡导小国寡民。而科技总要发展，但发展的同时要有可持续发展、科学发展的理念，设计师也要如维克多·巴巴拉克所说的那样，要有"设计伦理"，要有社会责任，要为残疾人设计，为第三世界国家的人设计，要绿色设计。

1. 纸浆蛋托包装

鸡蛋是非常考验包装设计水平的物品之一，一般用粉末填充、瓦楞纸隔衬或塑料泡壳等包装，但最经典的还是纸浆蛋托包装。其原型是于 1930 年前后设计完成的，它使用了廉价纸浆作为原材料，从那时起便成为鸡蛋包装的主要形式。它防震性能很好，重点是纸浆可以用再回收的纸张制造，成本低，材料环保。该鸡蛋盒包装将独特的质感与鸡蛋的形状有机地结合，给人以亲和的视觉印象和手感。这些都是使纸盒包装成为无公害包装和具有亲和力包装的典型特点（图 3-11）。

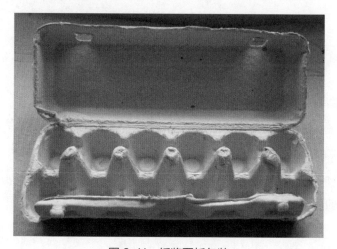

图 3-11　纸浆蛋托包装

2. 多美滋"易乐罐"

传统的奶粉包装多以马口铁和铝箔纸为主流,而前些年出现了更科学的包装——多美滋易乐罐。多美滋在包装设计上充分从使用者的角度考虑,真正做到"以人为本"的人性化设计:罐体与罐盖相连,可以单手开关奶粉罐;量匙可固定在奶粉罐盖上,方便取用,不易丢失且更卫生;罐口斜角处特别设计奶粉刮平条,用量准确;奶粉罐盖密闭卡口,较传统的两种包装密封性更好,确保奶粉储存的新鲜度;四方罐体使视觉新颖,比圆罐体更为顺手且更节约运输和储存成本;在材料上也非常值得称道——使用轻型的可回收、可再生的材料,低碳环保,与马口铁罐相比,降低了商品成本且节约运输成本(图3-12)。此包装一出现就引得各大奶粉厂商竞相效仿。

图3-12　多美滋易乐罐

3. 魔态包装

环境污染越来越严重,整治环保问题使很多不达标的造纸厂关闭,导致纸价上涨,从而增加了纸质包装成本。而魔态包装则提前预料到这种结局,于十多年前就着力研发污染小、价格低、可降解、可再生的包装材料,在2012年成功开发出"魔态"环保包装材料。魔态包材采用竹子为原料,零添加辅助品,靠温度、湿度、强度成型,质感自然、造型多样、成本较低(图3-13和图3-14)。

 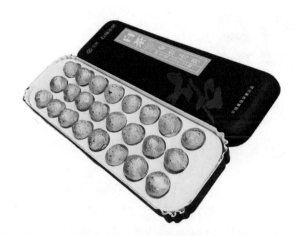

图 3-13　魔态佛香包装盒　　　　图 3-14　魔态茶叶包装盒

　　魔态科技坚持以"科技、环保、美学"为核心理念，用科学的态度和精神创造了真正的环保材料和工艺，再用环保的材料创新出具有美学理念的包装设计，真正实现了科技、环保、美学的三位一体，不仅避免了没有科技含量的伪环保，而且避免了环保产品无法实现美观的商业应用困境。

主题 **05**

树立（重塑）品牌

现如今，大多数人的需求已经不再是温饱了，而是追求心理和精神上的满足。在商品质量都差不多的情况下，人们往往选择能满足自己心理需求的品牌包装。反过来说，包装能树立品牌或重塑品牌，创造更大的附加值。

1. 红星青花瓷珍品二锅头包装

北京红星股份有限公司是有着 50 多年历史的酿酒企业，主打产品红星二锅头一直受到老百姓的喜爱。然而，由于其产品包装一直是五六十年代的风格（图 3-15），使得红星二锅头始终走在白酒低端市场，无法获取更高的经济效益。

随着红星青花瓷珍品二锅头的推出，红星二锅头首次走进了中国的高端白酒市场。红星青花瓷珍品二锅头在产品包装上融入了中国古代文化的精华元素。酒瓶采用仿清乾隆青花瓷官窑贡品瓶型，酒盒图案以中华龙为主体，配以紫红木托，整体颜色构成以红、白、蓝为主，具有典型中华文化特色（图 3-16）。该包装在中国第二届外观设计专利大赛上荣获银奖。

图 3-15　红星二锅头老包装

图 3-16　红星二锅头青花瓷包装

该包装的推出，使得红星二锅头单一的低端形象得到了彻底的颠覆，不但创造了优异的经济效益，还重塑了公司形象、产品形象和品牌形象。在价格上，红星青花瓷珍品二锅头在市场上的销售价格高达 200 多元，而普通的红星二锅头仅售五六元。这款包装成功后，在很多领域刮起了"青花瓷"风，引得许多老牌高端酒以"蓝花瓷""红花瓷"等包装跟风，在白酒包装上兴起了带有中国传统文化元素的包装。由此可见，包装创造的附加值十分厉害，这也说明现在的消费者不仅愿意为产品买单，更愿意为包装买单、为品牌买单。

2. 江小白包装

只有避免同质化、与众不同、另辟蹊径才能成功。当白酒一窝蜂地标榜历史文化底蕴和"高大上"的调性时，江小白却反其道而行之，以青春小酒的名义，配以网络语言，牢牢抓住新一代消费者的心理，取得了巨大成功，树立了一个全新的品牌（图 3-17）。

首先，"江小白"与春秋五霸之首齐桓公姜小白没什么瓜葛（虽然姜小白的历史文化底蕴很浓厚），而是起步时与江津老白干有一定关系，所以"姓"江；而"小白"是一种网络语言，虽然名称不够"高大上"，但一下子拉近了成长于网络时代的青年一代的距离。

其次，包装上主要以插画的方式塑造了一个长着大众脸、穿着休闲西装、围着灰色围巾的小男生形象，在营销尝试中不断赋予这个小男生鲜明的个性：时尚、简单、我行我素，善于"卖萌"、自嘲，并且有一颗文艺的心——销售的目标人群明显是年轻人。

有了卡通形象后，又以很多"江小白语录"来丰富延展其形象，在各大卖场或餐饮店贴上各种有趣的句子，虽然不严肃，但这正是它想要的效果（图 3-18）。

图 3-17　青春小酒江小白包装

图 3-18　江小白语录

最后，在营销渠道上尽量扁平化（一般是一级渠道，最多到二级渠道），以减少渠道费用，价位也比较适中，在白酒品牌中独树一帜。

3. 张飞牛肉包装

提到牛肉干，到处都有，甚至很多地方的牛肉干论历史、论质量、论口感都很好，但为什么都没有张飞牛肉做得大、做得强？原因之一就是两个字：包装。

张飞牛肉本名保宁牛肉干，产于阆中市，因其特有的制作工艺使得其产品外黑内红，颇似张飞自评，恰好张飞又在阆中做了 7 年巴西太守，所以在 20 世纪 80 年代中期更名为"张飞牛肉"。虽然其宣传的典故纯属附会或杜撰，但张飞毕竟是妇孺皆知的人物，非常有利于其品牌的建立与传播。

21 世纪初，张飞牛肉与知名品牌设计公司合作了 10 年，从品牌打造切入，为其量身设计包装，搭建三国文化产业园，甚至包括产业链等。张飞牛肉的包装采用张飞的脸谱为主要展示形象（图 3-19），在专卖店延续这一装修风格，且让促销人员穿上张飞的戏服，更加强化张飞形象，取得了良好的效果。魔态版张飞牛肉包装材料环保、造型特别，可以戴到脸上当面具，有较好的交互性，并且荣获了 2016 年的红点奖（图 3-20）。

图 3-19　张飞牛肉包装

图 3-20　张飞牛肉魔态版包装

主题 **06**

贴心的用户体验

在包装设计中，除了前面提到的为用户提供便利外，还可以考虑为用户提供乐趣，同时植入品牌形象，加深消费者对品牌的印象。

1. "三只松鼠" 干果包装

干果包装大多是做好防潮处理，用牛皮纸内裱防潮涂料，附一袋干燥剂，外面印上公司标志、产品名称图案。其实这样做已经是对的和美的包装了，但还有没有更好的方案呢？

《孙子兵法》说过："势者，因利而制权也。故善战者，求之于势，不责于人，故能择人而任势"。不管做什么，都必须先把握住新形势。"江小白"为什么能在激烈的竞争中获胜，就在于它厘清了新一代年轻人的诉求，顺应了网络时代的趋势。同样，"三只松鼠"也抓住了电商渠道网民的心理，不需要消费者提出需求，就能主动满足，牢牢地俘获消费者，做成了干果销售业的老大。当然，电商渠道与传统的卖场是有区别的，但万变不离其宗，其本质都是一样的，下面就从收到快递那一刻来捋一捋它的贴心之处。

首先，快递箱挺度很好，上面印了新一代年轻人喜爱的呆萌松鼠形象；封箱签与店面风格统一，并附有开箱器，给客户带来了方便（图 3-21）。在开箱之前，快递箱各个面、封箱签、开箱器、封箱胶带、快递单号 5 个构件单独设计又融为一体，且植入品牌形象和品牌名称 10 余次。

其次，开箱后，有发货单、赠品体验袋、果壳袋、擦手湿巾、备用袋、明信片、钥匙扣、夹子（用于将未吃完的干果袋夹住以免受潮）等（图 3-22），既提供了便利、满足了消费者心理，又强化了品牌形象。在此过程中，又植入了品牌形象或名称 20 次左右。

图 3-21　三只松鼠快递箱包装 1　　　　　　图 3-22　三只松鼠快递箱包装 2

移开这些附件后，第一眼看到的是一张呆萌地望着你的松鼠脸，只有一袋朝上，其余都朝下，（图 3-23）。在单个包装上，无论是用材还是印刷制作工艺都是上乘的，在不断"卖萌"强化品牌形象的同时，还配以文案展现品牌信息，且有电商链接入口（图3-24）。

该包装从消费者的角度出发，充分考虑了从开箱到吃完、擦手、丢垃圾的各个环节，在为消费者提供方便的同时，还不忘强化品牌印象（总共巧妙植入品牌形象 40 余次），而且让人不觉得反感，可谓是电商包装的经典之作！

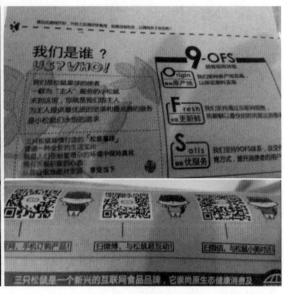

图 3-23　网民喜欢呆萌的卡通形象　　　　　图 3-24　见缝插针地宣传自己

2. 药品的用户体验包装

现代生活节奏越来越快，时间碎片化，人们的耐心正在逐渐降低，不愿在琐事上花费太多时间。就包装而言，如果难以开启或使用不便，人们就有可能选择另一个容易开启的同类产品，否则即使购买了，也会将包装暴力破坏掉才能开启。药品是一种特殊商品，设计包装时当然也要注意用户体验，无论是开启方便、使用方便，还是控量、提示等方面。

在易开启方面，可从材料、结构、信息引导等方面考虑。例如，有些针对老年人的药品，考虑到省力，可减少旋扭盖的齿数并加深齿深，以增加摩擦力。旧版的藿香正气水包装就是经济但开启不便，虽可扭几下就断但稍显麻烦（图 3-25），升级为藿香正气液后，包装内附硬塑吸管可直接插入瓶内吸取，若要打开瓶塞喝则可用另一个工具打开（图 3-26）。

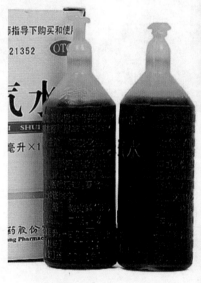 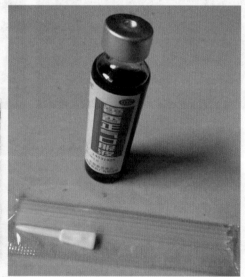

图 3-25　藿香正气水包装　　　　　图 3-26　藿香正气液包装

前面提到过牛钥匙喷剂的便利性（图 1-52），而其膏剂包装也充分考虑了用户体验：一是瓶体造型便于把握不易滑落，二是将内盖设计为一个滚动的塑料球，在敷涂患处时就可以通过摩擦力带出药膏涂于患处（图 3-27），患者无须用辅助工具涂药膏，而且不会过量。

中药包装也在不断升级，传统的包装是用牛皮纸加绳子包起来然后带回家熬制。为适应现代的快节奏生活，很多药店采用现场熬制然后将药液装袋，每次喝一袋。这种方式较传统包装在用户体验方面已有很大进步，但在跨地域物流或携带方面仍有重量大、易破损等风险。鉴于此，现在出现了一种浓缩中药包装。包装为浅桶状，塑料材质，分六格，将中药熬制后制成如冲剂一样的颗粒装于塑料格内，上面再覆以塑料膜，这样就避免了袋装液体的缺点，更方便携带及快递，特别适合快节奏的生活，如在上学、上班、出差、旅行期间使用，服用时只需切开一格用温水冲服即可（图3-28）。用药不足效果不好，用药过量可能会产生副作用，所以服用药品需适量。当然也可从包装设计上考虑，如美林包装就附有精确量药工具：带刻度的吸管（图3-29）或量杯。此外，有些药品需长期服用，但有时会忘记，为避免漏服，某些药品包装上会有日期提示（图3-30），服用时看到日期就会强化记忆，减少漏服的情况。

图3-27　涂抹类药膏包装

图3-28　浓缩中药包装

图3-29　带量具的包装

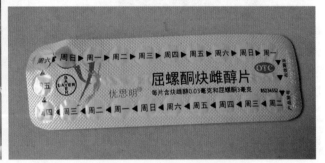

图3-30　带日期提示的包装

以上列举仅是冰山一角，药品的贴心包装还有很多，希望读者能从中获得启发，设计出更多提升用户体验的包装。

主题 **07**

扩大消费群体

将消费群体扩大的方式有很多，通过包装设计是其中一种非常重要的方式。例如，泡菜、豆腐干等食品历来都被认为是下饭或下酒的，可现在有很多泡菜已经零食化、休闲化，通过散装称重按袋出售，食用时一口一袋，干净卫生（图3-31）。对生产厂家来说，大大拓展了消费群体，也就提高了生产量，获得了更多的经济效益。下面再剖析几个扩大消费群体的实例。

图 3-31　佐餐菜零食化包装

1. "水晶之恋"果冻包装

我国自 20 世纪 80 年代开始生产果冻以来，目标消费群体一直都是儿童。喜之郎公司虽在 1993 年才进入果冻行业，但迅速占领了我国绝大部分市场份额，而它仍不安于现状，一直在寻求更大的突破。1998 年，"水晶之恋"系列果冻正式上市，并迅速获得市场的认可。

它为什么那么顺利就成功了呢？原因就是它打破常规思维，谁说果冻只能是儿童才能吃呢？喜之郎创意性地将目标销售群体定位到青年人，并且是恋人！虽然其广告模仿《泰坦尼克号》的动作备受争议，但凭借流行歌曲《水晶》作为广告背景音乐，凭借俗

语"水晶之恋,一生不变"的广告语,
再将其包装改为心形,"俘获"了很多消
费者(图 3-32),迅速跃升为行业第二
大品牌。

图 3-32　水晶之恋果冻包装

2. 高露洁牙膏包装

俗话说"到什么山上唱什么歌"。
要抢占某地区的市场,就得对目标地区
的情况做深入的调研,否则就会"水土
不服、铩羽而归"。例如,汉王公司曾
开发了一款国际领先水平的电脑绘画板——创艺大师,但在销售上惨败,经过调研才发
现原来是因为"一流产品,二流包装"。包装的定位与产品质量不匹配,表现出来的品
牌形象比较低端,让消费者无法产生认同感。汉王公司于是请知名设计师重新设计包装,
一年之内便实现了 3 倍的销量增长,在国内及国际市场上站稳了脚跟。

美国高露洁公司是牙膏巨头,但也失败过:当初进入日本市场时,直接用美国包装
的大红色,结果打不开市场,最后才发
现是日本人尚白。于是进入中国市场之
前先做了大量的调研,发现中国人是喜
欢红色的,但是广告诉求都差不多,包
装同质化非常严重,都是用的铝管,不
方便、不卫生、不耐用。最后对包装进
行改革,采用复合管塑料内包装,在包
装装潢上,不但继续采用大红色,而且
加大红色面积(图 3-33)。结果大获成
功,短短几年就抢占了 1/3 的市场份额,
引得我国新老品牌牙膏纷纷进行包装材
料和装潢上的更新。

图 3-33　高露洁引领行业包装

3. 小包装大市场

在我国,各种节令都有特定的风俗或食品,如中秋吃月饼、端午吃粽子、腊八节喝

腊八粥等。特别是月饼和粽子，在节前一窝蜂地生产，竞争激烈，往往过度包装、过分包装，打折吆喝仍不好卖；节后则身价大跌，甚至不如锅盔，以致造成很大的浪费。有的商家甚至用往年剩下的陈年馅料做新饼，造成极坏的影响。但有些商家则换了一个思维：为何节令食品一定是礼品化、高端化的？为何不将节令食品日常化、零食化？

于是，就有公司将大月饼做成小月饼，一人一次可吃多个口味，更重要的是延长了月饼的消费周期，一年四季都可以当作休闲食品（图 3-34）。粽子也一样，把传统 100g 左右一个的粽子改装为 40g 左右的"一口粽"，将节令食品转化为零食，改变了食品属性，扩大了消费群体。

图 3-34　散装小月饼

学习小结及实践

在包装设计的发展过程中，凝结着人类智慧的包装设计精品不胜枚举，它们都是包装设计作为一种文化现象而存在的闪光点。随着人类文明的进步，凝结着人类智慧的包装设计精品仍会不断涌现。

本章列举了近 20 款经典包装，从提升便利体验、塑造品牌形象、低碳绿色环保、扩大经济效益等方面进行了剖析，望读者从中得到启发，设计出既对又好的包装。

实践

哪些包装给你的印象比较深刻？请列举出 3 件以上并说出理由。

第 4 章
包装设计解密

不同种类的商品，在应用包装时，所要注意的问题和采取的设计思路也不同。好的包装设计不仅要吸引人们的注意力，还要使人们能迅速地识别出商品的种类，使商品传达的信息更准确、更直接。

本章将为大家分享几个真实的企业包装设计案例，从设计背景、设计理念、设计策略及方案解读等方面入手，分析其设计方案的切入点和理由。

主题 **01**

食品包装

　　食品包装是包装中的重要类别之一，除了能保护食品、提供便利外，还能树立优质的品牌形象，提高产品竞争力，促进销售，提升宣传效果，扩大企业影响力。目前有很多品牌策划公司专门做食品包装策划与设计。

1. 蜀味佳食品包装

　　设计背景：这里以一款休闲食品包装为例来介绍袋类包装的设计与表现方法。在温饱问题解决后，人们追求生活质量，除了正餐之外还得有零食，为了顺应这一趋势，许多食品公司纷纷将佐餐商品零食化。例如，成都蜀味佳食品有限公司也顺应这一潮流，主要生产以脆笋系列、海白菜系列、食用菌系列为主的休闲食品，其口味有泡椒、香辣及鲜香等。图 4-1 所示为原有老包装，2013 年，为了提升市场形象，扩大销售业绩，成都蜀味佳食品有限公司委托成都同意包装设计有限公司重新设计包装，要求材料工艺不变，只改变包装装潢设计，属于包装设计改良。

图 4-1　蜀味佳原包装

　　设计理念：包装是品牌理念、产品特性和消费心理的综合反映，它直接影响消费者的购买欲——包装是建立产品亲和力的有效手段。成功的包装设计必须具有 6 个元素——货架印象、可读性、外观图案、商标印象、功能特点说明、卖点及卖点图文化。于是就有了以下策略和方案。

　　设计策略：零食化泡菜的主要目标销售群体是年轻人，他们追求时尚、思想活跃、易于接受新事物，可以将他们喜闻乐见的视觉符号植入包装以引起他们的共鸣。结合公司背景及产品特点，包装应传达的视觉印象应该是轻快的、自由活泼的、绿色的、干净的、简洁大气的。因此，在材料工艺上沿用以前的，仅在装潢设计上进行改造。

　　设计方案 1：以熊猫寓意四川，并且熊猫在"听音乐"，符合现代年轻人的生活方式；用 POP 字体，表达亲和、年轻的理念。图案以泡菜坛子作为主要形象，蜡笔描边寓意绿色自然，形成核心形象记忆点；坛子中间透明，既直观展现产品，又体现了企业的自信心；把广告词直接放到视觉重心，加强记忆，如图 4-2~ 图 4-6 所示。

图 4-2　脆笋包装袋正面 1

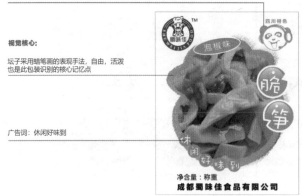

图 4-3　脆笋包装袋背面

注：此方案的一点小瑕疵是，背面没有留足生产日期的打码空间。

图 4-4　杏鲍菇包装袋 1

图 4-5　鲍鱼菇包装袋 1

图 4-6　海白菜包装袋 1

设计方案2：保留熊猫、透明及整体调性，只是把坛子更换为更简洁的盘子和筷子作为记忆核心，筷子尖的蒸汽化为祥云，指向广告词；字体用细黑体。整个包装传达出更多的现代简约调性，如图4-7~图4-10所示。

图4-7　脆笋包装袋正面2

图4-8　海白菜包装袋2

图4-9　杏鲍菇包装袋2

图 4-10　鲍鱼菇包装袋 2

设计方案 3：保留透明包装的设计，透明部分改用中国传统的窗棂图案，文字使用书法体，更加简洁，表达出一种简约中式的印象，如图 4-11~ 图 4-14 所示。

图 4-11　脆笋包装袋正面 3

图 4-12　海白菜包装袋 3

图 4-13　杏鲍菇包装袋 3

图 4-14　鲍鱼菇包装袋 3

2. "御食膳房"食品系列包装

设计背景:"御食膳房"软罐头系列是成都心怡食品有限公司与多位食品行业专家、美食家、名厨合作开发的中国传统官府名菜。"御食膳房"软罐头分为甜品和泡饭两大系列,包装规格为净含量 150g/ 盒,价格为 30 元左右。

设计理念:根据该产品的特点——官府菜平民化,既要表达出官府名菜的高档,又要传达出平民化的信息。因此,食品包装中应注意文字和图形的表现方式。文字应简洁生动、易读易记;图形则采用食品自身的形象作为主体形象,使产品信息更加直观。

设计方案:①在造型上,用 115mm×160mm×25mm 的纸盒(展开后恰好用完一张A4 大小的幅面)。②在结构上,为了避免包装被重复利用,防止其他厂家生产冒牌产品,使用一次性开启纸盒,即在开启的同时破坏包装的完整性。③在图片上,如同常规的食品包装设计,用高清照片作为主要展示对象。④在图案上,直接使用其 LOGO,为了强化官府名菜，所有 LOGO 均烫镭射流沙金。⑤在色彩上，底色用杏黄色——既能表现皇家高贵调性，又能引起食欲；泡饭系列标题底色继续用杏黄色，甜品系列用绿色以示区别。⑥在材料上，用 350g 白卡纸，覆亮膜。

整个方案采用系列包装。图 4-15 所示为产品照片，设计图纸如图 4-16~ 图 4-18 所示。

图 4-15　产品照片

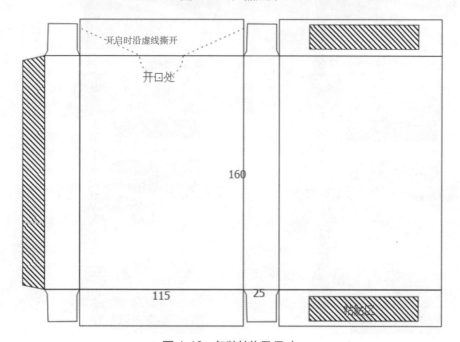

图 4-16　包装结构及尺寸

图 4-17　包装装潢设计图

图 4-18　系列包装装潢设计（部分）

3. "酒乡"牌老坛芽菜包装

设计背景：四川宜宾除了酒之外，还有一个特产——芽菜，是四川传统四大名酱腌菜之一。"酒乡"牌芽菜生产商为宜宾富康食品有限公司，该公司主营宜宾芽菜、风味小菜及各种泡菜。由于产品科技含量不高、同质化严重，因此公司想通过包装来打造差异化品牌，特委托成都同意包装设计有限公司设计一个礼盒装。

同类礼盒包装均用瓦楞纸作为外包装，且用手提式结构，方便携带。最有名的是"碎米"牌系列，其包装采用绿色为底色，传达出绿色食品的信息（图 4-19）。其中的"碎米"金芽菜以烫金、UV 等特种印刷工艺体现其档次（图 4-20），而大礼包则用古画加斗方的形式，体现其民间风格（图 4-21）。这几款包装虽各有优点，但风格迥异，似乎不是一个厂家生产的，既不符合企业形象统一设计法则，也不符合系列包装的设计章法。与此相反，"叙府"牌芽菜以拙趣的书法和漫画形象的清朝厨师给人一种亲和的印象，并暗示品牌历史悠久，且红底黄圆的视觉聚焦能有效地引导视线到品牌名称，塑造了一个有明显辨识度的芽菜品牌，如图 4-22 所示。

图 4-19　碎米宜宾芽菜礼盒包装

图 4-20　碎米金芽菜礼盒包装

图 4-21　碎米芽菜大礼包　　　　　图 4-22　叙府芽菜礼盒包装

设计理念：言之有物，简洁但不简单。一款包装也是宜宾芽菜的文化传承与发展印象，需有深度。整体感觉与色彩需符合产品所属行业的特点，引导消费者产生正确的联想。通过多次沟通，明确这个产品包装需传达的品牌印象是传统的、厚重的历史沉淀感加朴素的乡土元素和地方特色。

设计方案：设计的包装是 2500g 礼盒装，礼盒采用瓦楞纸纸盒，为了方便携带，直接在盒体上穿绳子。为了体现传统底蕴和乡土特色，在颜色上，用暖黑色为边，金黄色羊皮纸纹为主要色调，为表达无公害信息，上边用绿色；在图案上，用雕版印刷效果加上民间剪纸图案，边框上也采用传统建筑图案元素；文字方面则以宋体与手写体对比表现传统。该礼盒装在整体设计上传统、简约、大气、上档次，如图 4-23～图 4-25 所示。

图 4-23　"老坛芽菜"包装装潢设计

图 4-24　"老坛芽菜"包装效果图　　　　图 4-25　"老坛芽菜"包装成品照片

4. 黄龙溪龙字号"杀威棒"芝麻糕包装

设计背景：现如今，旅游经济越来越热，但由于制造业和物流业的快速发展，使得旅游产品同质化相当严重。在各大旅游景点，总是出现 A 处有的产品在 B、C、D 等处也存在的现象。而在电商中，几乎只有想不到而没有买不到的东西。最后造成的结果是，游客要么买到一堆到处都能买到的商品，要么是买不到满意的旅游纪念品。

黄龙溪古镇有 2000 多年历史，是一个著名的旅游景点，当然也有很多特色食品，那么如何将这些特色食品做出真正的特色，挖掘出其深远的历史背景和文化内涵呢？成都黄龙溪食品有限责任公司正在探索，其主要经营范围是糕点，而芝麻糕正是黄龙溪特色食品，曾作为地方名点进献宫廷，有深远的历史背景和丰富的文化内涵，口感香甜、细腻绵软、老少皆宜，作为黄龙溪名牌产品还曾荣获过多个奖项。成都黄龙溪食品有限责任公司委托成都世博品牌管理咨询有限公司对其进行品牌策划、全新包装。

成都黄龙溪食品有限责任公司曾推出多个糕点食品系列，其中"杀威棒"系列是具有代表性的一个。

设计理念：将特色食品与特有的文化内涵相结合，做其他地方不能做的产品品牌。黄龙溪有丰富的历史文化资源，如"一街三寺庙""三县一衙门""千年古树伴古镇"等。据史籍记载，"黄龙溪"的得名正与刘备称帝有关。于是将三国元素、衙门元素与黄龙溪食品相结合，形成极具地域特色的糕点品牌。

设计方案：将芝麻糕做成棍状，仿佛衙役手持的"杀威棒"。外包装采用管式折叠纸盒结构，正面开窗以便顾客看到产品，从保护产品的角度来看，这样就够了，但是没有特色。于是又附加了一个三国人物的卡通帽子，起到画龙点睛的作用。再把黄龙溪元素（LOGO、品牌名、产品名、宣传语等）加进去，一个具有鲜明地方特色的旅游食品包装就出来了，如图 4-26~ 图 4-28 所示（帽子部分在方案图中简化处理，实际上是一个无底的折叠纸盒）。

图 4-26 黄龙溪龙字号"杀威棒"芝麻糕包装装潢设计方案

图 4-27 "杀威棒"芝麻糕效果图　　　图 4-28 "杀威棒"芝麻糕包装成品照片

5. "左右·汇乐晶典"月饼包装

设计背景：这款月饼包装是德阳左右·汇乐晶典房产公司为回馈客户而委托四川视域文化传播有限公司设计的。每年中秋节前月饼品种繁多，各个价格层次俱全，看起来总有一款适合消费者，其实不然。众所周知，月饼分为送礼和自吃两种，送礼讲的是包装豪华，自吃讲的是价格实惠。而同样的月饼，精装和散装一般价格相差很多，能不能有种折中的方法，既包装体面又经济实惠呢？定制包装就是一个很好的办法。它既兼顾了性价比，又节约了资源，还显得有诚意，达到了"礼轻情意重"的效果。

设计理念：根据以上分析，此包装要传达的信息是，专门定制，有豪华月饼的情意和经济包装的实惠。

设计策略：以公司标志和"中秋月饼"为主要视觉元素，来表达这款月饼是公司的回馈礼品。

设计方案 1：结构采用锁底手提式折叠纸盒；盒身用淡紫色水墨画做底色，主要视觉元素和盒顶用较深的紫色突出（紫色里隐约有《水调歌头》的书法）；大约 1/4 空白处印上苏东坡的《水调歌头·中秋》，如图 4-29 所示（设计图纸见第 5 章，此处略）。

设计方案 2：采用 170mm×80mm×45mm 的摇盖式折叠纸盒，包装装潢设计采用方案 1，但用紫、黄两种色调，如图 4-30 所示。

图 4-29　摇盖式折叠纸盒装潢方案 1　　　　图 4-30　摇盖式折叠纸盒装潢方案 2

设计方案 3：采用异形手提卡纸包装，色彩与图案采用方案 2 的样式；展开图尺寸为 510mm×420mm，底部尺寸为 110mm×80mm，如图 4-31 和图 4-32 所示。

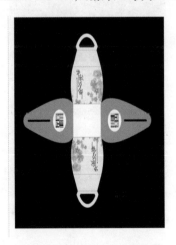 

图 4-31　方案 3 展开图　　　　　　　图 4-32　方案 3 打样成品照片

6. 岷江东湖饭店蛋糕包装

设计背景：随着社会节奏的加快和人们生活质量的提高，面包、西点、蛋糕以其便捷、营养、美味、时尚等优点被越来越多的人所接受，逐步向主食化发展。消费者对于时尚、品质、身份和健康的追求日益强烈。除了不断开发新产品之外，改变包装形式和设计也是更好地吸引顾客的一种手段。除了专门的蛋糕店，很多高档酒店也自制烘焙食品，如岷江东湖饭店。岷江东湖饭店委托七水品牌顾问有限公司为其巧克力奶油蛋糕设计 8 寸蛋糕包装，同时还委托其设计一款巧克力奶油糕点包装。

设计理念：蛋糕因其保质期短，都是预定或现做现卖，这也要求其包装过程不可能上流水线，只能现做现装，所以蛋糕店的包装都是预先印好，然后手工组装。一般情况下，蛋糕包装都是纸质的，特别小的可用塑料包装。

设计策略：蛋糕包装多种多样，但一般使用卡纸，造型多为圆柱形或长方体。这里可以沿用一些经典的包装结构，再系上彩带，既方便携带又显得喜庆，当然也可以设计成手提式纸盒。在装潢设计方面，可以巧克力和奶油的颜色为主，体现其材料，或者以其酒店的照片和 LOGO 为主，体现其品质。

设计方案 1：采用圆柱形包装，顶面直径 267mm，侧面高 161mm。为了方便印刷拼版，用两段粘贴而成，如图 4-33 所示。

设计方案 2：采用方体包装，尺寸为 230mm×250mm×84mm，结构与装潢设计如图 4-34 所示。

图 4-33　圆柱形包装设计方案

图 4-34　方体包装设计方案

设计方案 3：采用手提式锁底折叠纸盒，尺寸为 220mm×130mm×90mm，结构与装潢设计如图 4-35 所示。

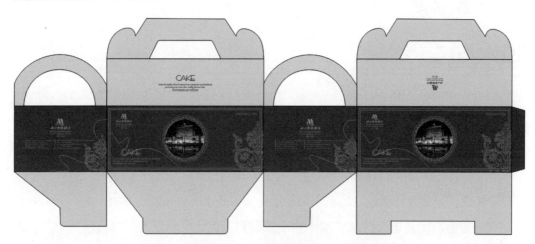

图 4-35　手提式包装设计方案

主题 **02**

酒水包装

酒水包装是包装中的一个重要类别，在质疑现有设计、发现现有设计问题的基础上，就会有新的设计方案。例如，矿泉水的收缩膜上印满了各种信息，摆在一起就互相抵消了。那么为何不反其道而行之，减小收缩膜面积，优化展示信息，以周围的繁复衬托自己的简约呢？这样不仅能达到"众星捧月""鹤立鸡群"的效果，同时又减少了成本，一举两得。下面来看几个案例。

1. 耐沃特（LIFE WATER）：只卖半瓶水

设计背景：在会议、聚会、闲聊等活动结束后，都有很多未喝完的瓶装水，对于这些未喝完的水，人们大多直接丢垃圾桶，这就造成了无形的浪费。因为城市水资源丰富，并且一两元一瓶水也不贵。然而，积少成多，细算之下数据庞大：每年仅在中国上海地区就有至少 800 吨瓶装水被浪费，全球每天被扔掉的瓶装水相当于 80 万缺水地区儿童的饮用水！

设计策略：发现此问题的人很多，但真正有效的解决方案很少，一般都是设计为小瓶装，当然这也能达到减少浪费的目的。但耐沃特公司则大胆创新、另辟蹊径，将节约水资源与公益捐赠相结合。对于消费者来说，既喝了水又献了爱心，除了解决生理需求外，还能引起心理上的共鸣；对于企业来说，不仅在好的产品与好的用户体验基础上体现了公司的人文精神，同时也提升了品牌知名度与美誉度。

设计方案：将一瓶矿水泉价格不变，但只灌装半瓶，一半留给消费者，另一半由消费者赠予缺水地区。重新设计了一系列印有缺水地区孩子形象的包装，如图 4-36 所示。消费者购买的同时就实现了善意捐助，没有其他复杂程序（图 4-37），所以消费者参与度高、积极性强，一上市就得到广泛关注与热情购买。活动期间，53 万儿童收到了捐助，新的 LIFE WATER（生命水）销量增加了 652%，此次活动获得了 300 家媒体报道，超过 30 万人关注,LIFE WATER 品牌知名度大大提高, 同时也收获了消费者的赞美与好感,可谓名利双收!

图 4-36　LIFE WATER 半瓶水包装　　图 4-37　"节水+公益"概念的包装引得广泛关注

2. 沙洲优黄系列黄酒包装

设计背景: 黄酒是我国特有的、具有民族特色的一种酒, 也是世界上最古老的三种酒之一。黄酒度数低, 还含有 18 种氨基酸, 长期饮用有利于美容、抗衰老, 非常符合现代人越来越注重养生的理念, 因此黄酒行业未来发展空间巨大。但对于包装, 则几乎陷入了一种定势思维: 全国各地的黄酒包装几乎都是陶瓷 (图 4-38), 同质化现象比较严重。

图 4-38　传统的黄酒包装

　　设计策略：陶瓷化学性能稳定，既适合做酒类包装，又能体现民族特色和历史感，但如果能跳出这种定势思维，或许能在同类产品中更突出。

　　"清沙优"设计方案：采用化学性能同样稳定的玻璃作为材料，在包装装潢设计上将日本式的细腻优雅和中国式的富丽堂皇相结合，并融入"清沙优"的包装设计中。端庄大气的圆形瓶身、唯美精致的插画和大面积金色的运用，为产品带来醒目的美感。熟悉的传统元素，新颖清新的时尚风格，让"清沙优"成为一款与众不同的黄酒，如图4-39所示。

　　"吉星高照"设计方案：在材料上采用陶瓷，但是在色调上减弱以往的赭石、熟褐等，采用以白色为主的清新色调建立全新的形象，再辅以传统图案；包装盒则以米黄色呼应瓶子的点缀色，再与图案相结合，使整个包装清新脱俗、别具一格，如图4-40所示。

图4-39　清沙优黄酒包装　　　　　　　图4-40　吉星高照黄酒包装

主题 03

其他包装

下面再剖析一个工业品包装和一个日用品包装，以抛砖引玉。

1. "Mocca Film" 车膜包装

设计背景：摩卡公司具有悠久的历史，是全球著名的玻璃膜制造商，其产品规格丰富，全球销量排名领先，为行业领袖品牌。为了推出其高档车膜，特委托成都同意包装设计有限公司为其设计包装，要求共设计 3 件：一是产品正式包装，二是样品包装，三是赠品（毛巾）包装。另外还要做更大的品牌包装——设计其专卖店形象。

设计理念：由于主要针对的是高档车类产品，因此一定要体现出其"高大上"的调性。特别是样品，更要肩负起吸引顾客、宣传产品的作用。

设计方案：可在材料工艺、结构造型、包装装潢等方面传达其产品调性。根据前面叙述过的版式设计原理，空白率高、跳跃率低、视觉度低、图版率低、网格拘束率高等可表现严肃、高端的调性。所以在包装装潢设计方面，可以此规律进行设计：整个版面用红黑两个颜色水平分割，主要展示面只展示LOGO，为强化效果，可局部UV上光覆膜；产品名称虽然小，但是与黑色对比度大，且烫镭射流沙银，显得大气高档。在造型及结构上，正式包装可采用筒装，为了方便成形，使用工业纸板，为了防伪，可使用易拉罐式的开口，如图 4-41 和图 4-42 所示；样品包装可设计成函套型，其工业纸板样品页及说明文字可设计成 4 折页的形式，如图 4-43~ 图 4-45 所示；赠品直接用 350g 卡纸制作一个天地摇盖式折叠纸盒包装，如图 4-46 和图 4-47 所示。3 件包装均覆哑膜，专卖店设计也将包装设计的元素应用其中，更加强化其视觉印象与品牌形象，如图 4-48 所示。

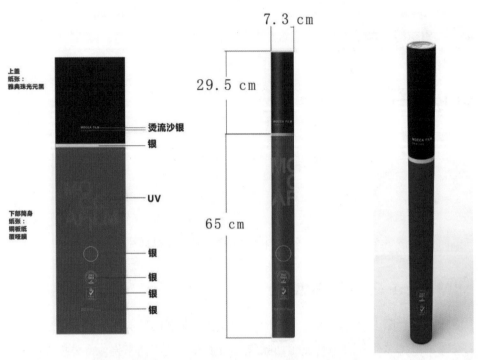

图 4-41　摩卡车膜包装设计方案　　　　　　图 4-42　摩卡车膜包装效果图

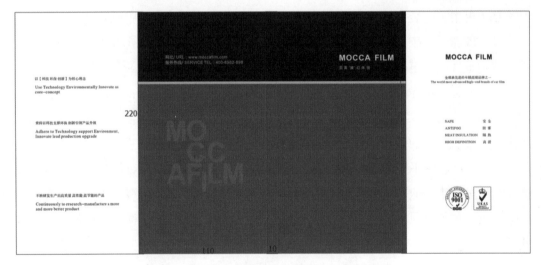

图 4-43　摩卡车膜样品包装设计方案（外页）

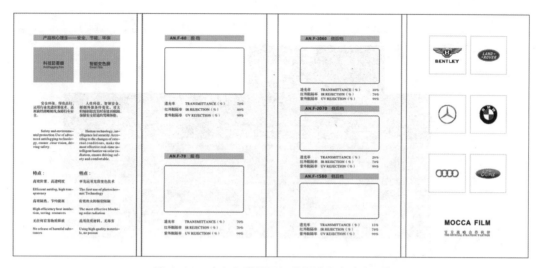

图 4-44　摩卡车膜样品包装设计方案（内页）

图 4-45　摩卡车膜样品包装效果图　　　　　图 4-46　摩卡车膜赠品包装效果图

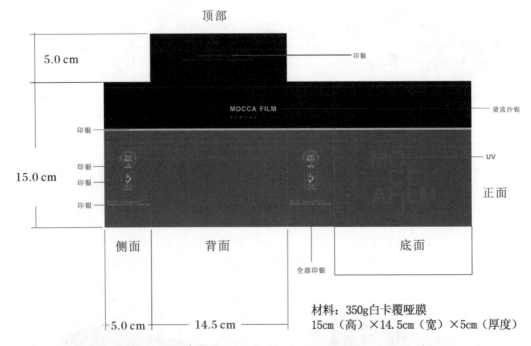

顶部

5.0 cm

15.0 cm

印银

MOCCA FILM

印银

印银
印银

印银

侧面　　背面

5.0 cm　　14.5 cm

印银

烫流沙银

UV

正面

底面

全部印银

材料：350g白卡覆哑膜
15cm（高）×14.5cm（宽）×5cm（厚度）

图 4-47　摩卡车膜赠品包装展开图

图 4-48　摩卡车膜专卖店设计效果图

2. "孚日家纺"床品四件套礼盒

设计背景：孚日家纺是一家以家用纺织品为主，兼营其他产业的上市公司。自 1999 年以来，公司出口数量和出口金额一直名列全国行业前茅。

设计理念：对于服装、鞋类、床上用品等产品，消费者更关注的是产品本身，因为产品自身的展示效果更具说服力。所以在包装上首先要方便携带（一般是设计成手提式包装或另附手提袋），材料一般是塑料或纸（卡纸或瓦楞纸）。在装潢方面，一般为展示产品照片或开窗式。如果为了大气，也可以简约设计，以材质和覆膜、烫金、凹凸等工艺来表现。

设计方案 1：在造型设计上采用手提式纸盒包装，由于尺寸较大，因此用两张纸粘贴而成。在结构设计上采用锁底锁口式，为增加强度，另加塑料手提柄。在装潢方面，以简约表现大气，棕色为底色，正面用其形象图案，背面将图案内部换为产品照片。在印刷工艺方面，覆亮膜，公司 LOGO 烫金处理，如图 4-49~ 图 4-51 所示。

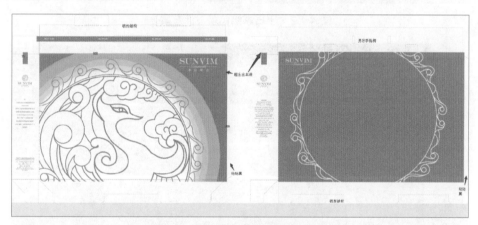

图 4-49　孚日家纺手提式包装方案 1

图 4-50　方案 1 成品照片（正面）　　　　图 4-51　方案 1 成品照片（背面）

设计方案 2：在造型及结构设计上采用套盒式（天地盖）硬纸盒。在装潢方面进一步简约，仍用浅棕色为底色，正面用其 LOGO、形象图案及广告口号"sunny vitalily promise"进行居中排版，广告口号文字及形象图案烫金；背面将空白率大幅度提高，附文居中排列，如图 4-52 和图 4-53 所示。

图 4-52　孚日家纺包装设计方案 2

图 4-53　方案 2 成品照片

设计方案 3：采用天地盖纸盒加手提袋。在装潢方面进一步简化，正面只保留 LOGO 及广告词，烫金覆哑膜；为了扩大宣传，在下方中间处印上二维码；色彩用红、白、浅棕 3 种，如图 4-54 和图 4-55 所示。手提袋也用这种装潢，成品效果如图 4-56 所示。

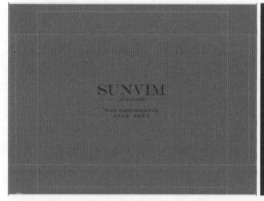 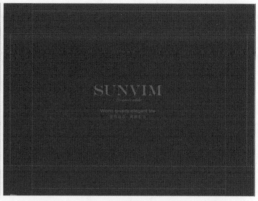

图 4-54　方案 3 包装设计方案（浅棕）　　　图 4-55　方案 3 包装设计方案（红色）

图 4-56　方案 3 成品照片

学习小结及实践

　　本章通过 10 个包装设计方案，从设计背景、设计理念、设计策略、设计方案等方面进行了剖析，着重针对为什么设计、为谁设计、怎么设计、有何效果等问题进行解读，希望对读者有所启发。

实践

　　试着找出两个以上的包装设计方案，解读其设计原因、设计方案，并评价其优缺点。

第3篇

PART 3

实践篇

确定策划方案、理出设计思路后，就要开始进行一个关键步骤——制图。它是一种设计语言，能传达其他语言难以描述的信息，有效地进行各方面的沟通。其中，草图能进一步厘清设计者的设计思路，效果图能有效地与客户沟通，结构图便于与生产制作部门协作。

那么，制图流程是怎样的？需要注意哪些问题？三维效果图绘制要领何在？如何绘制出照片级的三维效果图？专业包装结构软件"艾思科"如何使用？具体内容本篇将详细介绍。

第5章
包装设计表现

包装的好与否直接影响消费者的心理和购买欲，运用计算机技术和平面设计知识能美化商品，更好地将包装设计内容表现出来。

随着科技的发展，数字化已渗透到生产生活的方方面面。包装设计的各个环节也不例外，从素材的收集到材料的选择；从结构的设计到制作；从设计图到效果图再到印前处理，无不渗透着数字化技术。设计表现是一种表达设计思维的重要语言，也是与客户交流的重要语言，如何在数字化时代做好包装设计表现，无疑是一个关键的因素。

本章将介绍包装设计表现的有关技法。在行业中，一般是用平面设计软件来绘制设计图和效果图，也有用三维软件绘制照片级效果图的，本章就来介绍使用这些软件绘制效果图的方法。

主题 **01**

盒类包装

这里以一款新鲜牛奶为例来介绍盒类包装的设计与制作。

这款 255mL 的牛奶以新鲜为卖点，价格在 5 元左右。采用 65mm×40mm×105mm 的利乐包装（图 5-1）。在装潢设计方面，颜色上选用使人联想到清新自然的蓝色、绿色，图案上选用奶牛和草原，文字设计得较活泼，体现新鲜的调性。

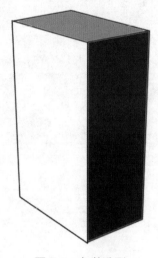

图 5-1　包装造型

下面根据以上定位与构想来绘制设计图纸。

1. 包装结构图

步骤一　打开 CorelDRAW，新建一个 220mm×155mm 的文件，如图 5-2 所示。

图 5-2　新建文件

步骤二　按【Ctrl+J】组合键，调出【选项】对话框，依次选择【文档】→【辅助线】→【垂直】命令，按正面宽 65mm、侧面宽 40mm（图 5-3）添加 6 条垂直辅助线（最后 10mm 是涂胶黏合区）。

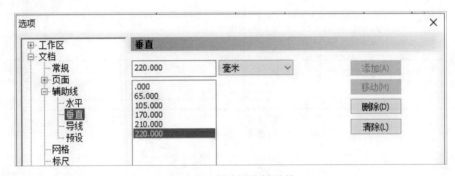

图 5-3　创建垂直辅助线

步骤三　用同样的方法添加图 5-4 所示的高 105mm、两边各 20mm（粘起来就是宽 40mm、中间留 5mm 黏合区）的水平辅助线。然后在属性栏分别选择【贴齐辅助线】和【贴齐对象】选项，如图 5-5 所示。

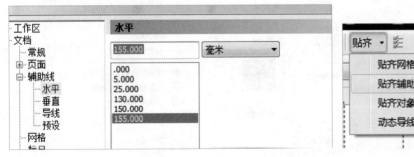

图 5-4　创建水平辅助线　　　　　　　　图 5-5　贴齐设置

步骤四　双击【矩形工具】按钮绘制一个与页面等大的矩形，然后按【F5】键绘制模线，如图 5-6 所示。

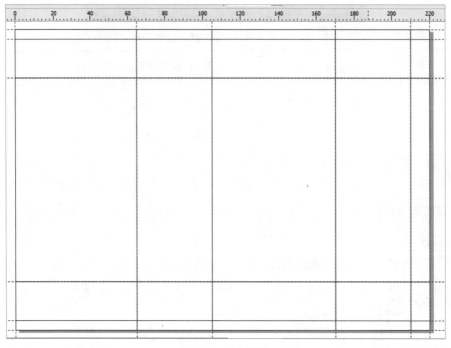

图 5-6　绘制模线

步骤五　按【Ctrl+A】组合键全选对象，按【F12】键选择一个虚线样式，如图 5-7 所示。然后选择【视图】→【辅助线】选项，隐藏辅助线，如图 5-8 所示。

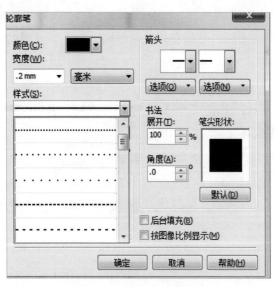

图 5-7　设置模压线样式

图 5-8　隐藏辅助线

步骤六　在侧面折叠涂胶的地方绘制一个矩形，如图 5-9 所示。按【Ctrl+Q】组合键转曲，再按【F10】键，用【形状工具】选择左上角的节点，按小键盘上的【+】键或属性栏中的"+"按钮，就在中点添加了一个节点，如图 5-10 所示。

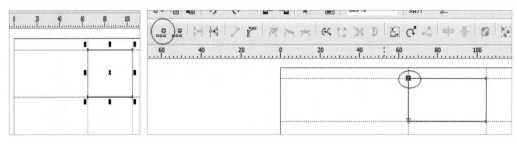

图 5-9　绘制侧面　　　　　　　　　　图 5-10　添加节点

步骤七　用【形状工具】双击删除左上、右上的两个节点，形成一个等腰三角形，再通过复制、镜像的方法把其余 3 个节点绘制出来并焊接，如图 5-11 所示。

步骤八　选择等腰三角形，选择图样填充并设置，如图 5-12 所示。再拖动鼠标左键将填充属性复制到其他黏合区，填充效果如图 5-13 所示。

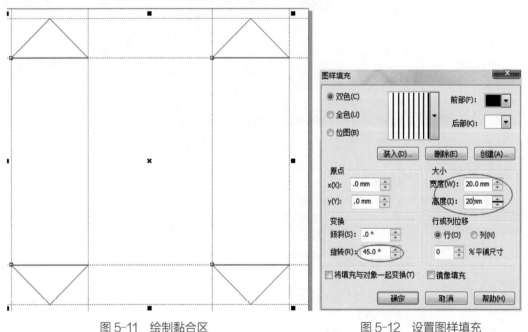

图 5-11　绘制黏合区　　　　　　　　图 5-12　设置图样填充

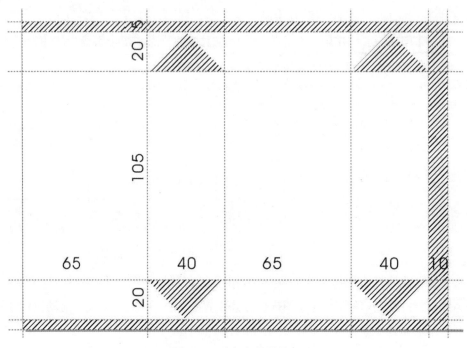

图 5-13　牛奶包装结构图

特别提示：

①为保证较理想的印刷效果，裁切边、转折插接部位、粘贴部位均要有 3 ~ 5mm 的出血设置。

②模压板的绘制规范是，实线表示纸张的模切线、虚线表示纸张压痕线、阴影表示纸张涂胶范围。另外，纸盒舌头处要开槽，比较厚的纸还要在插入部位减去纸的厚度，如图 5-14 所示。

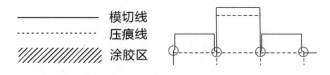

图 5-14　模压板的绘制规范

2. 包装装潢图

步骤一　添加一页，显示出辅助线（也可以重命名页面为"结构图"或"装潢图"），如图 5-15 所示。

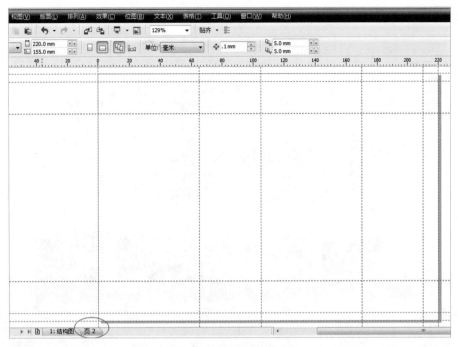

图 5-15　新建装潢图页面

步骤二　绘制好各个面的图案并编辑好形象文字（因为此书重点讲包装设计，所以具体绘制步骤从略），如图 5-16 所示。

图 5-16　绘制主图及文字

步骤三 绘制好其他的图案及文字，如图 5-17 所示。

图 5-17　绘制其他图案及文字

步骤四 隐藏辅助线，展开图的最终效果如图 5-18 所示。

图 5-18　包装装潢展开图效果

3. 包装效果图

　　效果图能在打样之前呈现直观的三维效果，胜过很多描述语言，无论用什么软件绘图，只要掌握要领都能绘制出照片级的三维效果图。但现实中总有些效果图绘制得不尽如人意，虽然不影响沟通，但毕竟有瑕疵。举两个来自网络的案例：在图 5-19 所示的效果图中，1 处拼接错位，2 处透视不对，3 处正侧面亮度一样，4 处的投影感觉是飘在空中；在图 5-20 所示的效果图中，1 处透视明显不符合"近大远小"的规律，2 处也是在亮度上没有区别出正侧面，3 处没有投影。

图 5-19　酒包装效果图

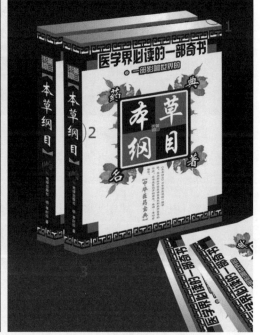

图 5-20　书籍装帧效果图

　　从上面的案例中可以得知，绘制效果图的要领就是把握透视与光影两个方面，另外，还要注意拼接等细节。为了验证这些要领，笔者将以上两幅图进行了微调修改，效果如图 5-21 和图 5-22 所示。

图 5-21 酒包装效果图（修改后）

图 5-22 书籍装帧效果图（修改后）

通过比较可以看出，把握透视和光影后，绘制的效果图要真实得多，下面就介绍一下如何做好这两点。

（1）绘图原理。其实无论用什么软件绘制，其原理和徒手绘制都是一样的，只要把握好了光影、透视和比例，效果都会很真实。透视按消失点的个数可分为一点透视、两点透视和三点透视，如图 5-23 所示。

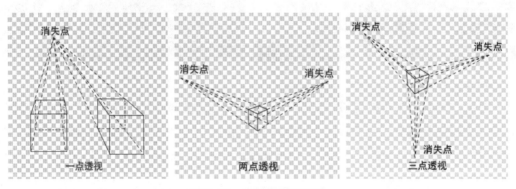

图 5-23 透视原理示意图

而光影最基本的原理是有受光面（白）和背光面（黑）两面，再加上一个转折面（灰），这相当于素描的"三大面五大调"理论，本例盒类包装的光影原理示意图如图 5-24 所示。

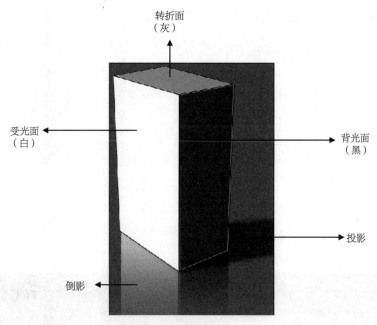

图 5-24　光影原理示意图

（2）用平面软件（如 Photoshop 或 CorelDRAW）绘制，这里以 Photoshop 软件为例来绘制包装效果图。

步骤一　在 CorelDRAW 中将绘制好的展开图输出为位图（图 5-25），再在 Photoshop 中打开，用【矩形选框工具】选取 3 个两两相邻的面然后按【Ctrl+J】组合键复制，并删除背景图层（图 5-26）。

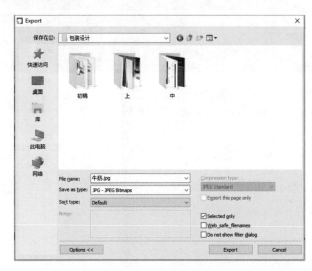

图 5-25　输出为位图

图 5-26　在 Photoshop 中复制三个面

步骤二 根据两点透视原理配合路径工具拉出辅助线，如图 5-27 所示。

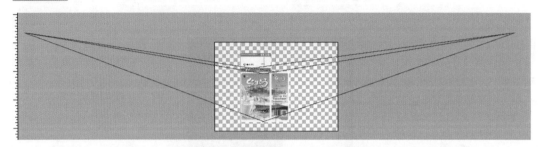

图 5-27　根据两点透视原理绘制辅助线

步骤三 根据辅助线扭曲各个面，做出正确的透视；并根据三大面原理对各个面进行亮度调整以符合透视及光影规律，如图 5-28 所示。

图 5-28　绘制出透视及光影关系

步骤四 加上倒影与投影，绘制完毕，效果如图 5-29 所示。

图 5-29 牛奶包装效果图

（3）用三维软件（如 3ds Max）绘制。用 3ds Max 来画效果图更好，因为通常不用考虑透视，而且只要处理好了灯光，通过 V-Ray 的间接光照技术计算出来的光影就是照片级的。

步骤一　仍需将绘制好的展开图输出为位图。然后设置好单位，并根据 65mm×40mm×105mm 的尺寸新建一个长方体，再创建一个 VRay 平面，如图 5-30 所示。

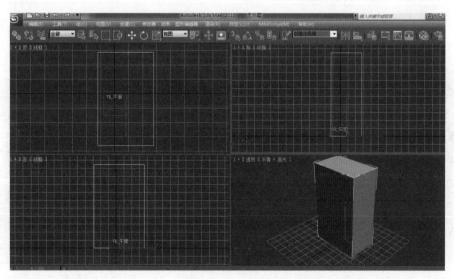

图 5-30 建模

步骤二 按【F10】键指定渲染器为 V-Ray 渲染器，如图 5-31 所示。在【VR_基项】选项卡中将"缺省灯光"关掉，开启"全局照明环境（天光）覆盖"，如图 5-32 所示。

图 5-31　切换渲染器　　　　　　　　　　　图 5-32　设置 VR_ 基项

步骤三 在【VR_间接照明】卷展栏中开启"间接照明"，将【首次反弹】和【二次反弹】分别设置为"发光贴图"和"灯光缓存"（图 5-33）。因为渲染效果图的质量和速度是两个矛盾的选项，在做草图时要的是速度，所以可以把质量降低一点，待效果满意了再出大图，到时候再把质量调上去。因此，此时做草图就可以将发光贴图预设为"非常低"，把灯光缓存的细分值改为"100"；为避免渲染前期画面没有变化，可选中【显示计算过程】等复选框，如图 5-34 所示。

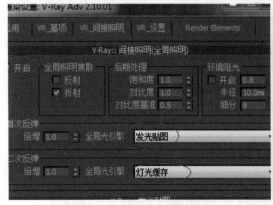

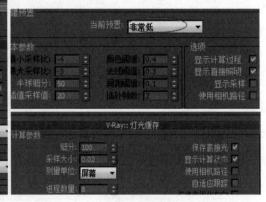

图 5-33　设置间接照明　　　　　　　　　图 5-34　设置发光贴图及灯光缓存参数

步骤四 关闭【渲染设置】对话框，在长方体上右击，将其转为可编辑多边形，并按【M】键调出材质编辑器，获取"多维 / 子对象"，如图 5-35 所示。

图 5-35　切换材质类型

步骤五 设置材质数量为"3"，编辑第一个子材质，将其类型改为"VRayMtl"，如图 5-36 所示。

图 5-36　设置子材质类型为 VRayMtl

步骤六 单击【漫反射】按钮，选择位图，把前面输出的展开图贴上去，如图 5-37

所示。

图 5-37　贴图

步骤七　由于贴图都相同，只是裁切区域不同，因此可以拖动 1 号子材质到 2、3 号子材质上，选中【复制】单选按钮（图 5-38）。再查看 1 号子材质的贴图图像，把定界框拉到盒子正面的位置，然后关闭对话框，选中【应用】复选框，完成子材质 1 的贴图裁切。按照同样的方法，将 2、3 号子材质贴图裁切好（图 5-39）。为了不渲染也能预览贴图效果，可单击工具行中的【视口中显示明暗材质】按钮。

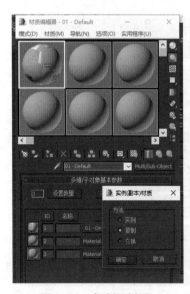

图 5-38　复制子材质

图 5-39　裁切贴图

步骤八　选择长方体并右击，选择【转换为可编辑多边形】选项，按【4】键选择多边形子对象，根据刚才的子材质编号，选择正面设置 ID 号为 1、侧面为 2、顶面为 3，然后将材质指定给该对象，如图 5-40 所示。

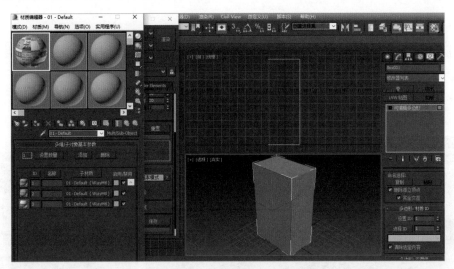

图 5-40　设置材质 ID 号

步骤九　查看贴图预览，基本正确，但顶面贴图方向不对，这时只需单击 3 号子材质 ，再单击【漫反射】贴图按钮 ，在【坐标】卷展栏中将其 W 向旋转 90° 即可，如图 5-41 所示。

步骤十　按【Shift+F】组合键调出安全框，按【Alt+Z】组合键调整构图，按【Ctrl+C】组合键将透视图转为相机视图，最后按【Shift+Q】组合键渲染。由于只开了环境光，黑白灰三大面区别不是很大，如图 5-42 所示。

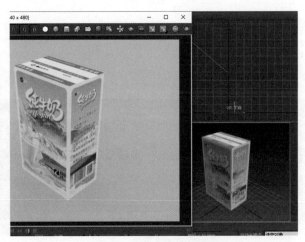

图 5-41　旋转贴图　　　　　　　图 5-42　快速渲染效果

步骤十一　创建一个【VR- 灯光】，编辑 VRay 平面材质，注意贴图不要太花哨，否则容易喧宾夺主,如图5-43所示。然后按【F10】键将发光贴图预设改为"高",把图5-32处的"天光"倍增器改为"0.4",将灯光缓存细分值改为"2000",如图5-44所示。

特别提示:这实际上是为出大图做准备,其思想是先快速渲染草图,满意后再调高参数渲染大图。因为直接渲染大图很耗时间,于是以小图的尺寸、大图的精度来渲染,把渲染数据保存起来,渲染完成后再将尺寸改大(但最好不要超过小图的4倍),载入预先存好的渲染数据,这样就速度与质量兼顾了。

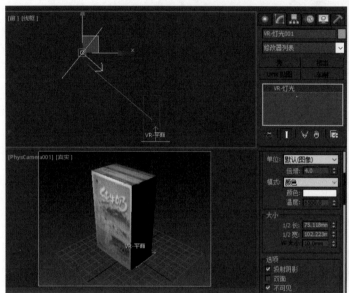

图5-43 创建灯光　　　　　　　　　　　　　图5-44 调整渲染精度

步骤十二 渲染完成后将发光贴图模式和灯光缓存保存起来(图5-45和图5-46),然后将【公用】参数面板中的尺寸改大(图5-47),载入刚才保存的文件(图5-48和图5-49)。

图5-45 保存发光贴图参数　　图5-46 保存灯光缓存参数　　　图5-47 调整渲染尺寸

图 5-48　载入渲染参数 1　　　　　　　图 5-49　载入渲染参数 2

步骤十三　渲染成品图，最终的效果如图 5-50 所示。

图 5-50　最终效果图

主题 **02**

袋类包装

这里以成都同意包装设计有限公司的蜀味佳食品包装设计稿为代表，来介绍一下袋类包装的绘制（包装项目设计详见第 4 章）。这款散装称重的休闲系列食品主要是针对年轻群体开发的。在颜色上选用可增强食欲且比较鲜艳的颜色，图案上直接透明展示，选用祥云、窗棂装饰，文字用传统书法与现代印刷体对比，整体传达出传统、现代、休闲、绿色、简洁、大气的调性。

1. 展开图

步骤一　打开 CorelDRAW，新建一个 68mm×80mm 的矩形，并镜像复制一个，如图 5-51 所示。

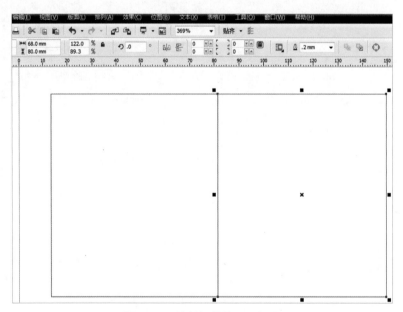

图 5-51　绘制包装袋展开幅面

步骤二　在包装袋正面绘制 1 个矩形和 4 个小圆，然后用修剪整形的方法制作出窗棂图案并导入脆笋图片，装入容器，效果如图 5-52 所示。

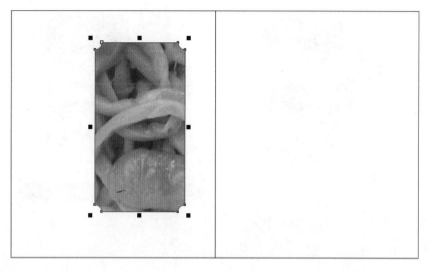

图 5-52　绘制窗棂图案

步骤三　将轮廓笔设为 1.2mm，颜色为绿色。再导入书法文字和祥云，解散群组，重新结合后按【F12】键设置书法和祥云的轮廓，如图 5-53 所示。

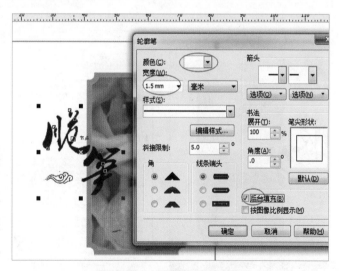

图 5-53　设置商品名称轮廓

步骤四　输入"香辣味"3 个字，字体为"微软雅黑"，字号为"9 号"，使用形状工具适当调整字间距，绘制 3 个正圆，与文字结合，再去边填充为橘红色（图 5-54）。然后用 9 号黑体输入文字"分享好时光""净含量：称重"；复制矩形框，缩小至底部，填充 R150、G100、B35 颜色，用 9 号粗黑体输入公司名称，与小矩形结合，效果如图 5-55

所示。

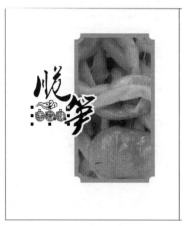

图 5-54　输入口味文字

图 5-55　输入其他文字

步骤五　然后绘制背面，输入说明及提示等文字，最终效果如图 5-56 所示。

特别提示：

①背面上部留 1 cm 以上的打码位，以方便打印生产日期。

②需开小口以方便撕开。

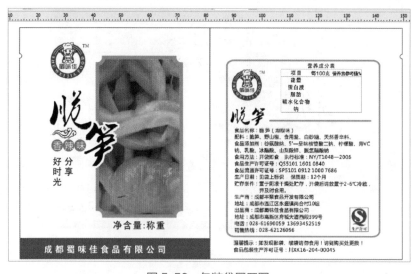

图 5-56　包装袋展开图

2. 效果图

如前所述，无论做什么效果图，无论用什么软件，跟手绘一样，把握好光影和透视是成功的基本条件。下面介绍袋类包装的绘制方法，供读者参考。

（1）平面软件绘制方法。这里用 CorelDRAW 为例来绘制。包装好的袋装可分为封口区和非封口区，绘制效果图就可以分为这两部分来做。

步骤一　选择正面图形，在封口区外按【F10】键，使用形状工具在左右两边分别加 4 个节点，然后选择节点并利用鼠标调成图 5-57 所示的形状。再在封口区绘制一个小矩形，填充为白色，用交互式透明工具加 50% 左右的标准透明，复制一个，然后与之交互式调和，最后将绘制出的这个封口压痕复制到另一个封口区，效果如图 5-58 所示。

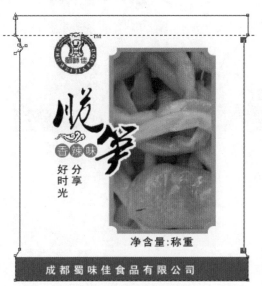

图 5-57　绘制袋装形状　　　　　　　　图 5-58　绘制封口压痕

步骤二　为了方便做出高光，将包装填充为"C0M0Y0K3"颜色，在包装底部绘制一个矩形与袋子交叉整形，填充为浅灰色，然后添加交互式线性透明，选择"乘"的模式（图 5-59）；按照相同的方法绘制右边的暗部，再按相同的方法绘制上边的亮部，只是填充为白色，效果如图 5-60 所示。

图 5-59　绘制袋装暗部

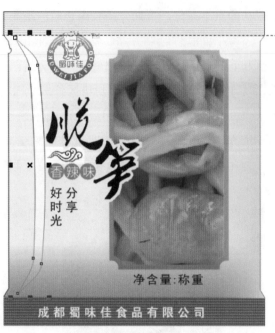

图 5-60　绘制袋子高光

步骤三　将高光图形镜像复制到右边，正面效果图完成，如图 5-61 所示。按照相同的方法绘制背面效果图，如图 5-62 所示。

图 5-61　袋装正面效果图

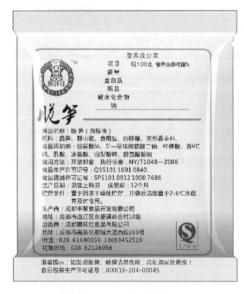

图 5-62　袋装背面效果图

步骤四　稍作调整，最终效果如图 5-63 所示。

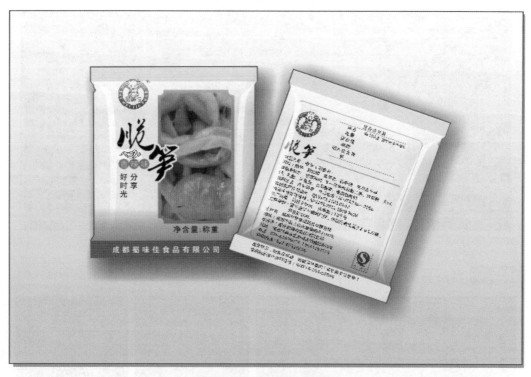

图 5-63　袋装最终效果图

（2）3ds Max 绘制方法。

步骤一　在 CorelDRAW 中把展开图导出为位图。打开 3ds Max，绘制一个参数如图 5-64 所示的长方体，转为可编辑多边形，将中间两条边缩放到封口区，如图 5-65 所示。

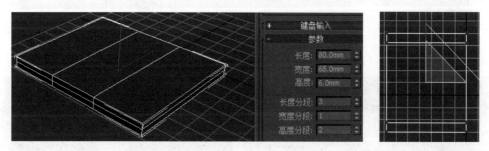

图 5-64　创建长方体　　　　　　　　　　　　图 5-65　调整节点位置

步骤二　选择子对象"边"，单击【连接】按钮，添加两条边，设置参数如图 5-66 所示。

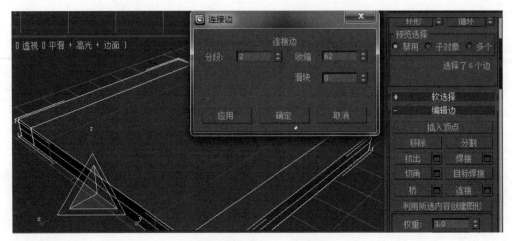

图 5-66　连接边以造面

步骤三　选择子对象"点"，缩放成袋子形状，如图 5-67 至图 5-69 所示。

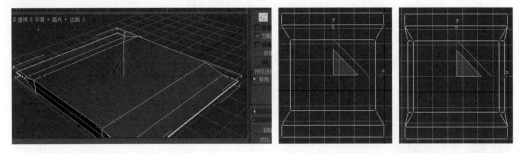

图 5-67　收缩上下袋口　　　　图 5-68　缩放袋肚　　图 5-69　调整袋肚

步骤四　选择子对象"多边形"，选择非封口区，单击【网格平滑】按钮，如图 5-70
所示。再单击【多边形：平滑组】卷展栏下的【自动平滑】按钮，移除错误边，如图
5-71 所示。

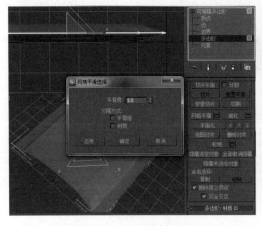
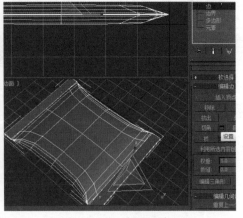

图 5-70　平滑非封口区　　　　　　　　　　图 5-71　移除错误边

步骤五　制作封口区凹凸压痕。选择封口区的"边"子对象，连接边，如图 5-72 所示。再选择子对象"多边形"，设置倒角，如图 5-73 所示。

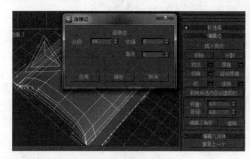

图 5-72　连接封口区的边

图 5-73　倒角封口区的面

步骤六　按【M】键，切换材质类型为"Vraymtl"，把展开图贴到漫反射上面。裁切正面贴图，选中【应用】复选框，如图 5-74 所示。再调整一下反射参数，如图 5-75 所示。

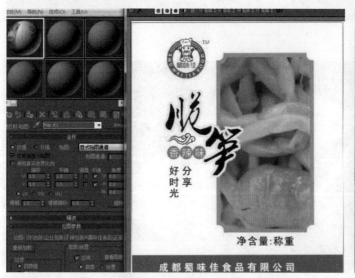

图 5-74　编辑贴图

图 5-75　调整反射参数

步骤七　将材质指定给模型，添加【UVW 贴图】修改器，如图 5-76 所示。复制一个模型，用相同的方法将背面的贴图做好，如图 5-77 所示。

图 5-76　将材质指定给模型

图 5-77　制作背面材质

步骤八　创建一个 VRay 平面；如前面绘制盒类包装一样，设置好草图渲染参数（图 5-78），为了以后工作效率更高，还可以将这些设置存为预设，这样以后就可以直接调用。草图渲染效果如图 5-79 所示。

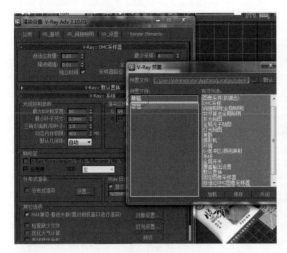

图 5-78　设置草图渲染参数　　　　　　　　图 5-79　草图渲染效果

步骤九　提高参数精度，渲染大图。在 Photoshop 中稍作调整，最终效果如图 5-80 所示。

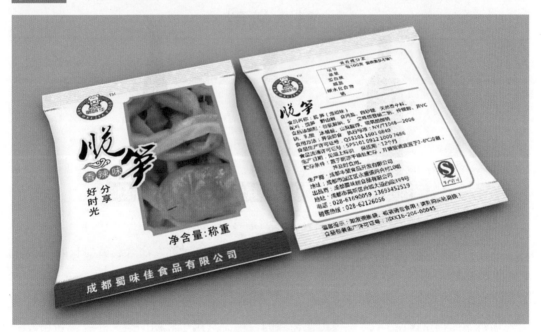

图 5-80　袋装最终效果图

主题 **03**

瓶类包装

　　瓶类包装几乎涉及各个行业，这里以四川视域传媒公司提供的一款红酒包装为例，介绍瓶类包装的绘制方法。

　　下面先了解一下红酒酒瓶的基本瓶型及尺寸。最经典的 3 种酒瓶：波尔多瓶、勃艮第瓶和 Hock 白葡萄酒瓶，如图 5-81 所示。

图 5-81　3 种红酒经典瓶型

　　波尔多瓶：为了倒酒时去除沉淀，肩部较高，两边对称，适合装需要长时间窖藏的酒，柱状瓶体有利于堆放。

　　勃艮第瓶：勃艮第红酒沉淀较少，因而肩部比波尔多瓶要平，也易于生产。

　　Hock 白葡萄酒瓶：Hock 是德国葡萄酒的古称。它用于装德国莱茵河流域和邻近法国阿尔萨斯产区的白葡萄酒，因为不需要长时间储存，酒中也无沉淀，所以瓶身细长。

　　酒瓶的颜色：酒瓶玻璃的颜色是判断葡萄酒风格的另一个依据。葡萄酒瓶是最常见的绿色，而德国葡萄酒常采用棕色瓶，透明玻璃则用于甜葡萄酒和玫瑰红葡萄酒。用蓝色玻璃瓶的并非普通的葡萄酒，有时被认为是突出该酒的非主流。

　　本案例的设计采用的是波尔多瓶，波尔多瓶一般有 3 种容量，瓶口都是统一的，瓶口外直径为 29.5±0.5mm，瓶口内直径为 18.5±0.5mm，其他基本尺寸如表 5-1 所示。

表 5-1　波尔多瓶基本尺寸（有最多不到 2mm 的偏差）

瓶型	容量（mL）	高（mm）	底直径（mm）	瓶颈长（mm）
1 号瓶	750	315	70	80
2 号瓶	500	300	60	75
3 号瓶	375	330	53	100

　　本案例是木盒包装，盒装红酒一般有单支装和双支装，最常见的单支葡萄酒是 750mL 的酒瓶，这类包装盒的尺寸一般为 320mm×100mm×120mm 左右；常见的双支葡萄酒盒尺寸为 320mm×100mm×260mm 左右。这里仅为参考尺寸，具体可根据实际情况而定。

1. 瓶贴（制作过程略）

　　图 5-82 和图 5-83 所示为本案例中的盒子标贴和瓶子标贴。

图 5-82　盒子标贴

图 5-83　瓶子标贴

2. 效果图

这里还是用行业内大多数人使用的平面软件和三维软件两种方法演示。

（1）平面软件绘制参考方法。

步骤一　绘制背景。打开 Photoshop 软件，新建一个 22cm×16cm、分辨率为 300ppi 的
文件。填充背景为黑色，在上半部绘制一个椭圆形选区，羽化 100。新建一层填充为白
色，再镜像复制放到下半部，如图 5-84 所示。

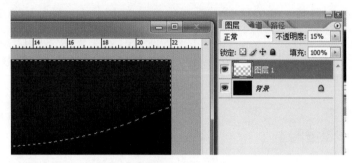

图 5-84　绘制背景

步骤二　绘制瓶型。由于红酒瓶有统一的尺寸，因此为了提高工作效率，可以直接找
一个瓶子图片，把瓶贴换下来即可。拖入红酒瓶子，在瓶身处建立一个矩形选区，按
【Ctrl+T】组合键，拖动中下部分的定界框直到瓶贴外，去掉原标签，如图 5-85 所示。

图 5-85　利用现有的瓶子去掉原标签

步骤三　制作瓶贴透视与光影效果。拖入瓶贴，按【Ctrl+T】组合键，等比缩放到与瓶宽相等并确认，然后在该对象上右击，选择"变形"选项，做出透视效果（图 5-86）。再载入瓶贴的选区，在瓶贴下面新建一层，填充黑色；再新建一层，填充"纸质圆柱形渐变"，选中瓶贴层，改为"叠加"模式，制作出光影效果，如图 5-87 所示。

图 5-86　变形扭曲标贴　　　　　　　　图 5-87　制作标贴光影效果

步骤四　制作倒影与投影。将瓶身层复制，垂直翻转，添加图层蒙版，创建黑白渐变，效果如图 5-88 所示。按住【Ctrl】键的同时单击"图层 2"载入瓶身层，变换选区，填充黑色，添加蒙版，创建黑白渐变，绘制出投影效果，如图 5-89 所示。

图 5-88　绘制倒影　　　　　　　　　　图 5-89　绘制投影

步骤五 绘制木盒。为了方便管理图层，可以新建一个图层序列，命名为"瓶子"，把刚才画的与瓶子有关的图层拖进去。参照瓶子的尺寸，绘制出三条垂直辅助线，新建两个图层，均填充 R64G0B5 颜色，如图 5-90 所示。拖入标签，对齐图层；用魔术橡皮擦擦掉白色部分，添加投影效果，与"图层 4"合并，然后通过扭曲变换做出透视效果，如图 5-91 所示。

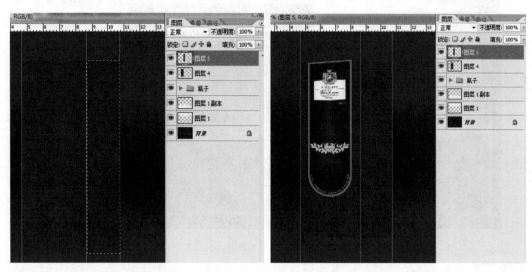

图 5-90　绘制木盒　　　　　　　　　　　　图 5-91　添加标贴

步骤六 绘制木盒的光影效果。调整盒子正面图层"图层 4"的亮度 / 对比度（图 5-92）；载入侧面图层选区，新建一层，填充黑色，再添加蒙版，创建黑白渐变，做出明暗交界线效果，如图 5-93 所示。按相同的方法做出反光效果。

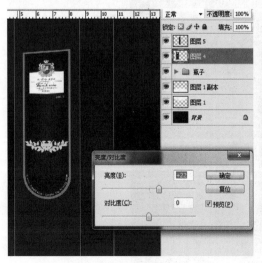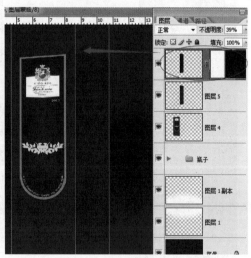

图 5-92　调整正面亮度 / 对比度　　　　　　图 5-93　绘制明暗交界线效果

步骤七　绘制木盒开口。在侧面创建一个矩形选区，按【Ctrl+Shift+Alt】组合键，单击侧面（图层 5）生成一个交叉选区（即开口处），新建一个图层，填充任意色，然后把填充改为"0%"，加上投影、内投影、颜色叠加三种图层样式（图 5-94），图层样式的参考参数如图 5-95 所示。

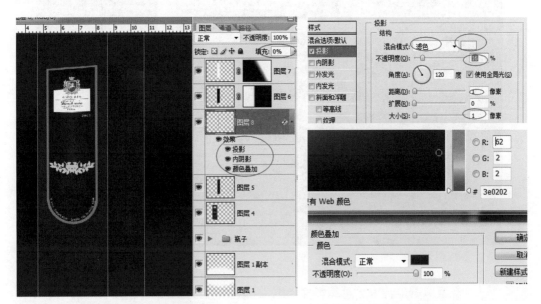

图 5-94　绘制开口区效果　　　　　　　　　　图 5-95　开口区图层参考参数

步骤八　绘制木盒投影与倒影。绘制方法参考步骤四。最终效果如图 5-96 所示。

图 5-96　红酒包装最终效果图

（2）3ds Max 绘制方法。

步骤一 根据波尔多 1 号瓶型的尺寸，在前视图中绘制 3 个矩形，如图 5-97 所示（左上矩形为参照矩形）。

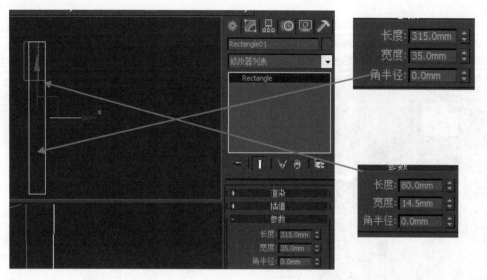

图 5-97　绘制 3 个矩形

步骤二 将矩形右击转为"可编辑样条线"，附加左上的矩形，删除右上的矩形（图 5-98）。按【3】键，选择"样条线"子对象，选择"差集"并单击左上矩形，进行布尔运算，如图 5-99 所示。

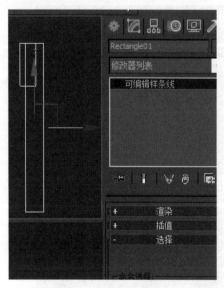

图 5-98　附加矩形

图 5-99　布尔运算

步骤三　按【1】键，选择"顶点"子对象，调整圆角，再按【2】键，选择"线段"子对象，删除上边和左边的线段，如图 5-100 所示。按【3】键，选择"样条线"子对象，添加 5mm 的轮廓，如图 5-101 所示。复制样条线，删除外面的线段，用同样的方法绘制并编辑红酒外形的线。

图 5-100　编辑酒瓶外形　　　　　　　图 5-101　添加"轮廓"

步骤四　添加【车削】修改器，参数如图 5-102 所示。转为可编辑多边形，选择"边"子对象，连接两条边；选择"多边形"子对象，选择图 5-103 所示的区域，以克隆方式分离出瓶贴。

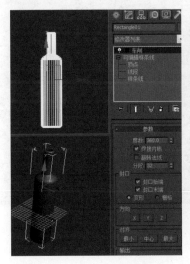 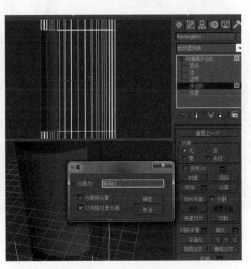

图 5-102　车削成型　　　　　　　图 5-103　选择瓶贴区的面

步骤五 再添加一个【壳】修改器，赋予厚度（图 5-104），按同样的方法做出背面的瓶贴。然后创建一个 320mm×120mm×100mm 的长方体，如图 5-105 所示。

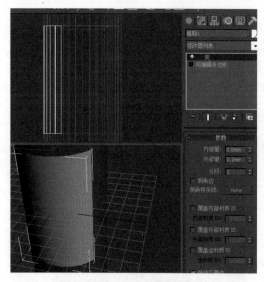

图 5-104　瓶贴建模

图 5-105　酒盒建模

步骤六 将长方体转为可编辑多边形，选择"边"子对象，进行切角，如图 5-106 所示。然后选择"多边形"子对象，向内挤出开口，如图 5-107 所示。

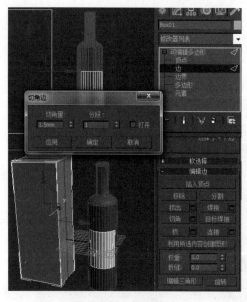

图 5-106　切角边

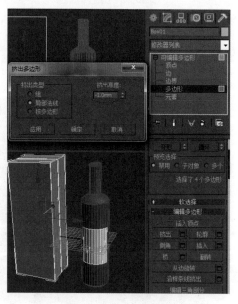

图 5-107　挤出开口

步骤七 继续用前面的方法将瓶口封口区域做好（图 5-108），加上一个 VRay 平面，模型制作完毕。按照前面所介绍的方法，把材质调好（图 5-109）。

图 5-108　编辑瓶口封口区

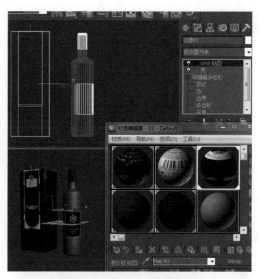

图 5-109　调整材质

特别提示：木盒标签的不透明贴图方法和瓶身的玻璃材质要点如下。

①不透明贴图原理：与 Photoshop 蒙版或 CorelDRAW 交互式透明等同理——以亮度代表其不透明度，黑色表示完全透明，白色表示完全不透明，灰色按其亮度对应半透明（图 5-110）。根据此原理，就得先根据原图再制作一张遮罩贴图，把不显示出来的白边做成黑色，把其余的填充白色（图 5-111）。

②玻璃材质要点：透明材质或半透明材质主要调"折射"参数，亮度对应透明度，默认折射率即玻璃的折射率为 1.6（水为 1.33，钻石为 2.4）。

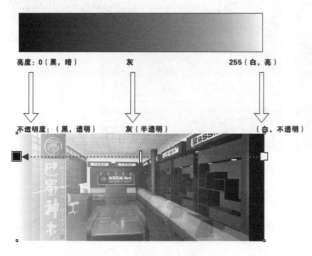

图 5-110　不透明贴图原理

图 5-111　制作遮罩贴图

步骤八　将原图贴在【漫反射】贴图通道上，将遮罩图贴在【不透明度】贴图通道上（图5-112）。切换到"透视图"，按【F9】键，快速渲染，如图5-113所示。

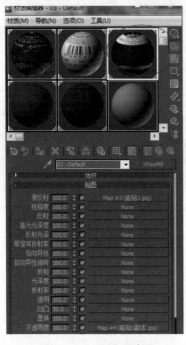

图 5-112　不透明贴图　　　　　　图 5-113　快速渲染效果

步骤九　编辑好酒瓶的材质与红酒的材质，如图5-114和图5-115所示。

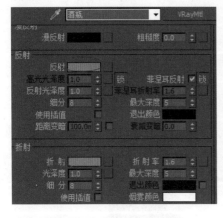

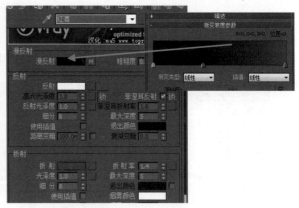

图 5-114　调整酒瓶的材质　　　　图 5-115　调整红酒的材质

步骤十　由于此场景只有地面，没有其他环境，因此可以用一个"HDRI贴图"来模拟环境反射。先按【F10】键，在【V-Ray环境】卷展栏中选中【反射/折射环境覆盖】复选框，然后单击后面的贴图按钮，选择【VR-HDRI】贴图，再将其拖到材质球上去，

选择【实例】选项；最后单击【浏览】按钮打开一个 HDR 格式的文件，如图 5-116
所示。

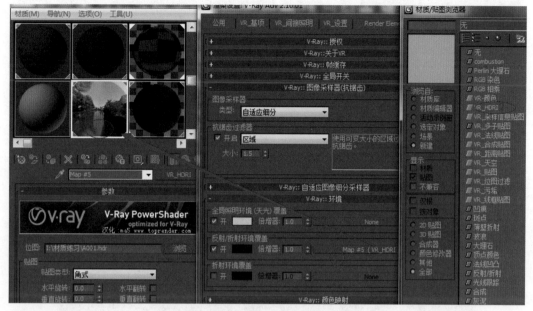

图 5-116　制作 VR-HDRI 贴图

步骤十一　　处理背景。按【8】键（大键盘），在弹出的对话框中单击【贴图】按钮，
选择【渐变】贴图（图 5-117），再将其拖到材质球上，并编辑成"灰黑灰"渐变，如
图 5-118 所示。

图 5-117　背景贴图　　　　　　　　图 5-118　编辑渐变贴图

步骤十二　　选择地面为"VRay 平面"，改变材质类型为"材质包裹器"，选中【无光
表面】和【阴影】复选框，如图 5-119 所示。然后在与相机成约 90° 的左上方创建一个
"VR_ 光源"，可参考图 5-120 的设置。

图 5-119 改变材质类型

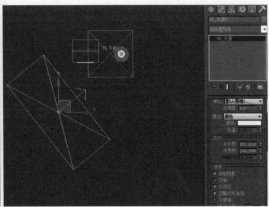
图 5-120 创建 "VR_ 光源"

步骤十三 测试渲染，效果如图 5-121 所示。

图 5-121 草图渲染效果

步骤十四 调高渲染参数，渲染大图，然后在 Photoshop 中调一下亮度和饱和度，最终效果如图 5-122 所示。

图 5-122　红酒包装成品效果图

主题 **04**

手提式包装

为了方便携带，很多包装都设计成手提式或者另附手提袋。这里就以两个案例为例，来介绍手提式纸盒和手提袋的设计及表现要点。

1. 手提式纸盒

前面提到过纸盒大体可分为折叠纸盒和硬纸盒两种，而手提式纸盒的手柄也有一体化手柄与另加手柄两种。这里以四川视域文化传媒公司设计的一款月饼包装为例，来介绍锁底式折叠手提纸盒的设计及表现方法（详细方案见第 4 章）。月饼，尤其是礼盒月饼，由于送礼者与受礼者的心理，因此历来比较重视包装。"买月饼就是买包装"，甚至出现了很多过分包装与过度包装，既浪费了资源又污染了环境，还败坏了社会风气。好在我国近几年对月饼包装规范了管理，遏制了"天价月饼"，让月饼包装走向了健康发展的道路。这款包装就是一款相当简约的包装，为散装称重的包装。造价不高，用材不多，却较上档次。

（1）快速锁底纸盒包装结构。首先来分析一下它的结构。锁底式结构能包装多种类型的商品，盒底能承受一定的重量，在大中型纸盒中被广泛采用。组装成型后如图 5-123 所示。

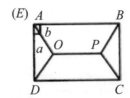

图 5-123　快速锁底盒底结构

其中，O、P 点均为三点重合处，其定位原则如下。

① OP 连线位于盒底矩形中位线。

② O、P 点与各自邻近旋转点的连线，同盒底边 L（长度）所构成的角度为 ∠ b，同盒底边 B（宽度）所构成的角度为 ∠ a，即 ∠ a + ∠ b= ∠ A。

③ 当 ∠ A=90° 时，L/B ≤ 1.5，则 ∠ a=30°，∠ b=60°。若 1.5 < L/B ≤ 2.5，则 ∠ a=45°，∠ b=45°。L/B > 2.5 时，则需要增加锁底啮合点，即将纸盒长边按奇数等分，且 ∠ a + ∠ b=90°。

快速锁底，英文为 "SNAP LOCK BOTTOM"，一般统称其为 "1.2.3 底"，意思是该盒底的锁合分为 1、2、3 步。

"1.2.3 底" 结构简单、美观、经济，有一定的强度和密封性，是目前包装纸盒中运用最为普遍的锁合底结构之一，造价也比自动锁合底低。广泛地运用于化妆品、酒类或食品包装中。

成型时，先合上①部位，再将两片②部位合至①部位，最后将③部位插入成型。②部位的 15° 斜角为定位扣，防止③部位插入后弹出（图 5-124）。

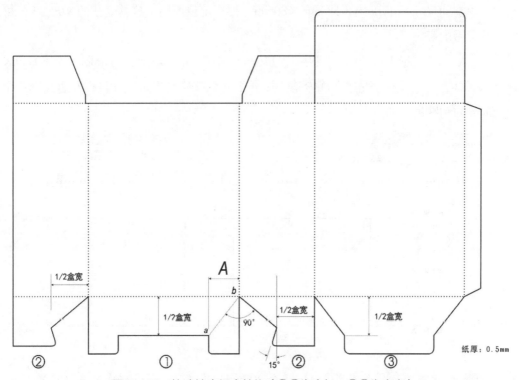

图 5-124　快速锁底纸盒结构（①③为盒长，②④为盒宽）

一般在绘制 "1.2.3 底" 结构时，先绘制盒长部分的①部位，这里 A 的尺寸没有严格的限制，一般符合盒长的比例即可。凹进部分与盒长折线的垂直距离一定是 1/2 盒宽。

还有一种"1.2.3 底"结构，一般在盒长中间增加一片插舌，宽度约为盒长的 1/5（图 5-125），因为在盒长比较长时，光凭两片插舌是难以保证成型稳定的。

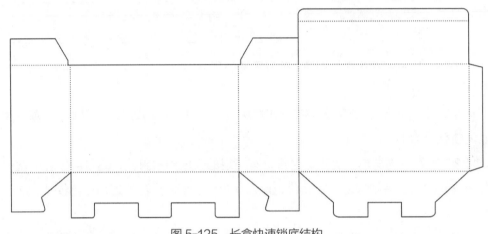

图 5-125　长盒快速锁底结构

（2）绘制包装结构图及展开图。了解了以上章法后，就可以绘制它的结构展开图了。它的可用空间尺寸是 170mm×130mm×60mm，根据定位原则，这款盒子的 L/B>2.5，可用三片插舌的底。

步骤一　打开 CorelDRAW，绘制一个 170mm×130mm 的矩形，再绘制一个 60mm×130mm 的矩形，与之贴齐；然后贴齐复制，4 个立面就绘制出来了。再在左边绘制一个宽 20mm 的粘贴翼，如图 5-126 所示。

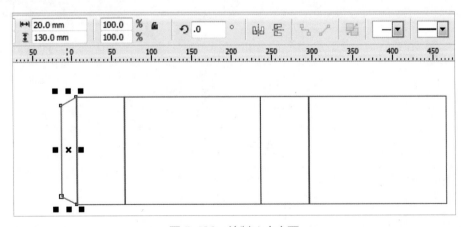

图 5-126　绘制 4 个立面

步骤二　在底部绘制一个矩形，高度为盒宽度的一半（30mm），考虑到纸张厚度因素，把小的两个锁片往上移动 3~5mm，如图 5-127 所示。

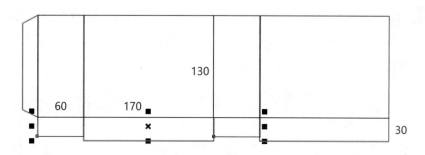

图 5-127　绘制底部面

步骤三　锁舌总高度应大于 1/2 盒宽度且小于盒宽度，一般取 3/4 盒宽度，所以这里把锁舌调到 3/4 盒宽度，然后把盒宽度分为 5 等分，如图 5-128 所示。

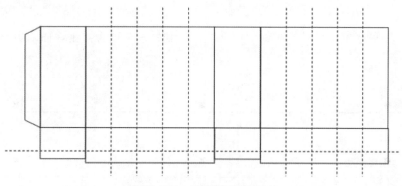

图 5-128　绘制锁舌辅助线

步骤四　选择左边的锁舌，选择右下的节点，单击属性栏或按小键盘上的【+】键在线段中间添加一个节点（图 5-129），然后删除左下节点，移动中间节点到图 5-130 所示的位置。将尖角调为圆角，然后镜像复制另外一个锁舌。

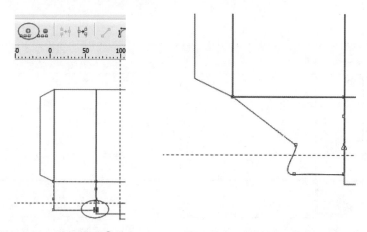

图 5-129　编辑锁舌②节点　　　图 5-130　编辑锁舌②节点 2

步骤五 按辅助线绘制两个矩形，将它们焊接在一起，然后修剪掉底部矩形（图 5-131），在尖角两边添加两个节点，再把尖角点删除，选择两点间的线段，转为曲线，按【F10】键切换为形状工具并向外拖动圆角，如图 5-132 所示。

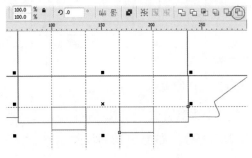

图 5-131　编辑锁舌①节点 1　　　　图 5-132　编辑锁舌①节点 2

步骤六 用贝塞尔工具对齐对象和辅助线，绘制另一个锁舌，删除辅助矩形，然后圆角，如图 5-133 所示。

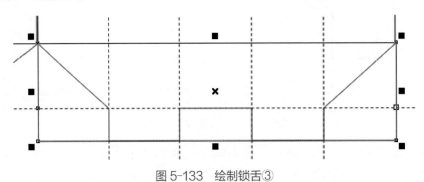

图 5-133　绘制锁舌③

步骤七 考虑纸张厚度因素，将紧邻的锁舌开槽 3mm，清除辅助线，效果如图 5-134 所示。

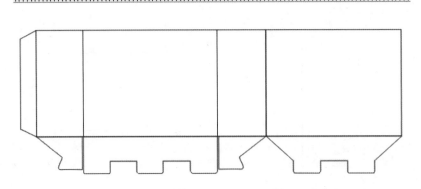

图 5-134　立面和盒底展开图

步骤八 绘制盒盖。贴齐正面绘制两个矩形，按【Ctrl+Q】组合键转换为曲线，移动节点使其成为等腰梯形，修剪图形；用贝塞尔工具画上提口，复制，效果如图 5-135 所示。

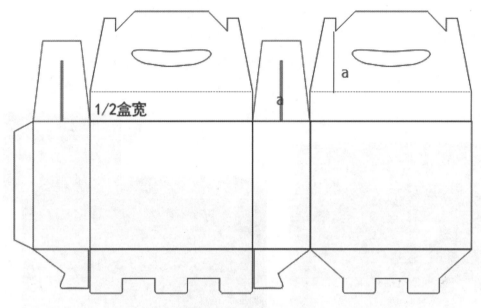

图 5-135　绘制手提盒盖

步骤九 将各个展示面装潢好（具体步骤略），效果如图 5-136 所示。

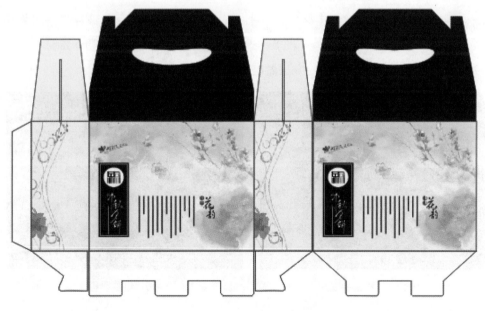

图 5-136　装潢各面

（3）绘制三维效果图。平面软件绘制方法参照前面牛奶盒的绘制方法，这里介绍用 3ds Max 多边形建模绘制类似包装的技巧。

步骤一 设置单位为毫米，绘制一个 170mm×60mm×130mm 的长方体，转为可编辑多边形，按【4】键（大键盘），选择"多边形"子对象，删除顶面（图 5-137）。按【F4】键带边框显示，选择宽度方向的两条边，切换到【缩放工具】，在下拉菜单中选择【共同中心】选项，按住【Shift】键锁定 X 轴缩放至中心处（图 5-138）。

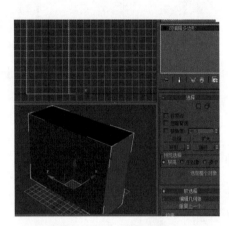

图 5-137　删除顶面

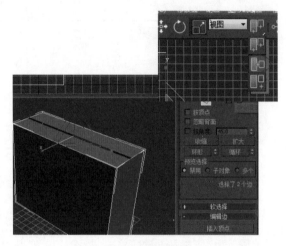

图 5-138　复制边以造面

步骤二 按【W】键切换至【移动工具】，按住【Shift】键锁定 Z 轴复制；再切换到【缩放工具】，锁定 Y 轴进行缩放（图 5-139）。选择宽度方向的两条边（加选按【Ctrl】键，减选按【Alt】键），按相同的方法做出图 5-140 所示的效果。

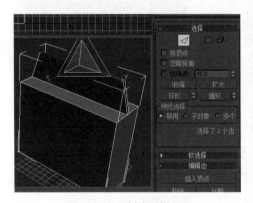

图 5-139　创建手提面 1

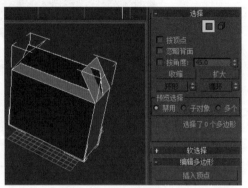

图 5-140　创建手提面 2

步骤三 通过选边连接的方式造一个面（图 5-141），然后将其删除（图 5-142），用同样的方法做另一边。

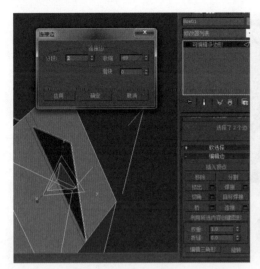

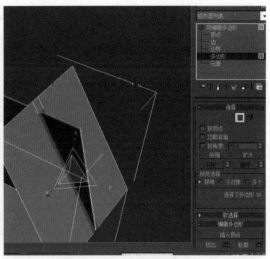

图 5-141 绘制耳面 1　　　　　　　　　　　　图 5-142 绘制耳面 2

步骤四 选择顶面的边并右击，选择【剪切】命令（图 5-143），在手提面与耳面的交接处左右各剪切两点。然后在顶视图选择刚才添加的边产生的顶点，以共同中心不等比缩放 0，以此方法来对齐顶点（图 5-144）。

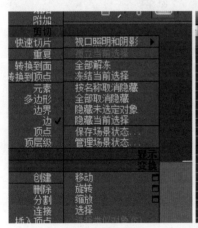
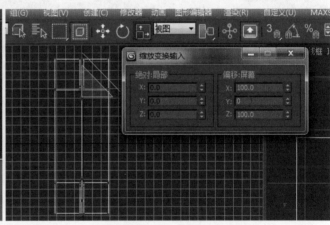

图 5-143 绘制开槽口 1　　　　　　　　　　　图 5-144 绘制开槽口 2

步骤五 选择顶面的两条边，用步骤二的方法制作出图 5-145 所示的效果；再选择边上的四条边，做出图 5-146 所示的效果。

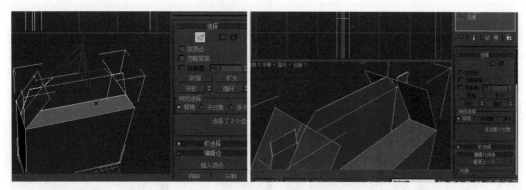

图 5-145　绘制开槽口 3　　　　　　　　　　图 5-146　绘制开槽口 4

步骤六 在左视图中用【线】工具绘制一个手提口的形状（图 5-147），然后添加一个【挤出】修改器，使用【复合对象】中的【超级布尔（ProBoolean）】命令挖出手提口（图 5-148）。

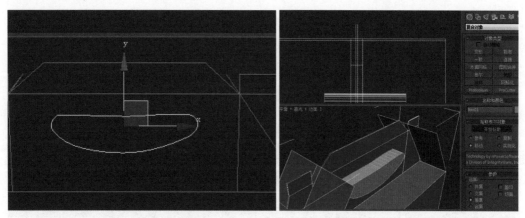

图 5-147　绘制手提口 1　　　　　　　　　　图 5-148　绘制手提口 2

步骤七 添加一个【壳】修改器，转为可编辑多边形（图 5-149），然后按前面的方法，指定材质 ID 号（图 5-150）。

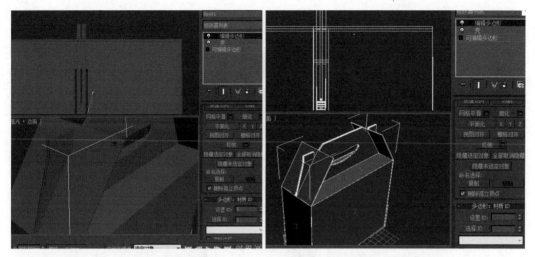

<table>
<tr><td>图 5-149　绘制瓦楞纸厚度</td><td>图 5-150　指定材质 ID 号</td></tr>
</table>

　　特别提示：由于采用的是 3 层细瓦楞纸，有厚度，因此可以把这些细面 ID 号设为 1。
全选面设为 1，再选择其他大的面设置材质 ID 号。

步骤八　用前面所讲的方法调整材质，并绘制一个 VR 平面，结果如图 5-151 所示。
按【Shift+F】组合键调出安全框，结合平移、环绕、缩放等命令调整好透视图，然后按
【Ctrl+C】组合键将透视图转为相机视图，渲染草图，效果如图 5-152 所示。

<table>
<tr><td>图 5-151　编辑材质贴图</td><td>图 5-152　草图渲染效果</td></tr>
</table>

步骤九　创建一个 VR 光源，提高渲染精度，渲染效果如图 5-153 所示。

图 5-153　手提月饼盒三维效果图

2. 手提袋

　　手提袋也称为手挽袋、手袋等，用于盛放物品，是较为廉价的容器。制作材料有纸张、塑料、无纺布等。其主要作用是方便携带，故通常用于销售商盛放商品，也有在送礼时盛放礼品的作用。另外，商人们在上面印制一些产品或企业信息，使用者提着走，其实也可以看作是一种流动的广告。由于手提袋价格低廉且款式多样，可以很好地反映使用者的个性、当时的心情，可与其他装扮相匹配，因此越来越被年轻人所喜爱。

　　在设计时，首先要确定手提袋的外观大小，而手提袋的容积规格与实际容纳物品的体积密切相关，太大浪费材料，太小不便于装，也不好拿取。手提袋可以设计成竖版，也可以设计成横版，但不管哪种，最好是整张印刷（对开、四开、八开等），避免对半印刷，以减少工序、节约纸张，也能减少黏合工序。

　　（1）手提袋的结构及示例尺寸如图 5-154 所示。

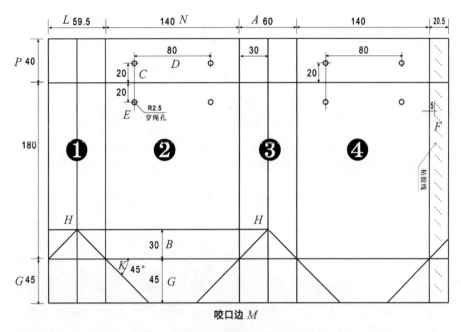

图 5-154　手提袋的结构及示例尺寸

特别提示：

①图 5-154 中的❶❷❸❹四个面是首先要确定尺寸的。一般来讲，①面的宽度 L 比③面的宽度 A 要小 0.5 ~ 1mm，是为了粘贴手提袋后便于内折，同时粘贴面处内缩，可防止边缘靠近折痕而粘贴不紧。

②根据❸面的宽度 A，可确定正反面折痕处离下端的距离 B，因为 K 处角度为 45°，所以 B 处距离为 A 处宽度的一半。

③手提袋底部单边纸张的宽度 G 一般来讲是 B 的 1.5 倍，主要是保证粘胶的牢度，这个距离可根据实际印刷纸张的大小做调整，但至少要大于 $A/2$，否则两边都粘不到一起。当然也要小于 A。

④粘口处 F 的宽度一般是 20mm，但要小于 $A/2$。粘口处有粘胶线，必须要标明。粘口处的出血部位为 3 ~ 5mm，粘胶线要避开。可根据纸张宽度适当缩小。

⑤手提袋上面折块的高度 P 一般为 30 ~ 40mm。至少要大于穿绳孔边缘距离的 5mm。

⑥穿绳孔距上端边缘距离一般为 20 ~ 25mm。没有固定限制，打孔时要避开关键图文部分，以免影响外观。两穿绳孔之间的距离一般为手提袋宽度的 2/3。注意版面上共有 8 个穿绳孔，以上边缘对称。绘图时不要忘记上边的四个穿绳孔。

⑦绘图时注意侧面及粘胶处的折痕线都要对应画上,否则不好折盒。

⑧注明纸张的克重或厚度,主要是为了刀版厂确定刀和线的高度。手提袋一般用的纸张为 250 ~ 300g 卡纸,250g 的白卡纸的厚度一般为 0.31mm 左右,300g 的白卡纸一般为 0.4mm 左右。

⑨注明咬口方向,便于刀版咬口与印刷咬口一致。

⑩尺寸要标注清楚,箭头要指到位。标注完毕后要仔细核对,至少同一方向的局部长度加起来要等于总体长度。

⑪ 为了加固,可以在穿孔处和底部加边条。边条一般用较硬的纸板(如白卡纸)的边角料。

(2)展开图的绘制。这里以笔者为广州亚太艺宝公司设计的一款花布样品手提袋为例,来介绍手提袋的设计表现。这款包装要装 5 块 1500mm×3000mm 的花布设计样品,考虑到尽量用一张对开纸张(841mm×594mm),所以设计成了 300mm×400mm 的竖版手提袋,用 250g 铜版纸覆亮膜。图 5-155 所示的就是根据对开纸张设计的结构图(因前面介绍过相关知识与 CorelDRAW 绘制技能,这里就略去详细绘制步骤)。

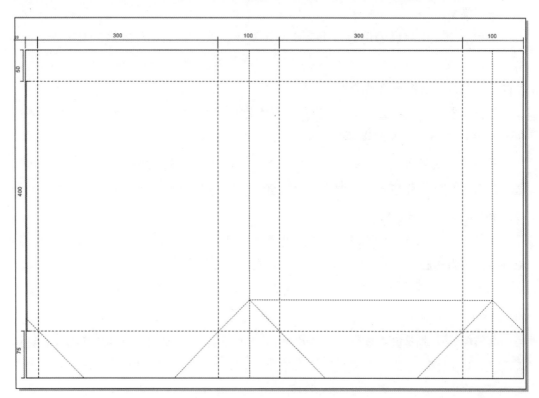

图 5-155　花布样品手提袋结构图

这款手提袋在装潢设计上很简约，因为一般要与所装物体的色彩、风格保持一致，这里直接用其中的一块花布披在模特身上的照片效果作为主要展示形象，配以印刷体文字。需要注意的是，正反面的主要图文要避开折痕处。例如，此案例的穿孔就不能穿在图案中人物的脸上，要适当地调整一下位置，如图 5-156 所示。

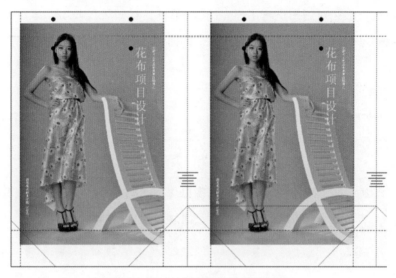

图 5-156　花布样品手提袋装潢图

（3）效果图如图 5-157 所示（详细步骤略，Photoshop 画法参照盒类包装，3ds　Max 画法可参照手提纸盒）。

图 5-157　花布样品手提袋效果图

学习小结及实践

　　本章通过几个有代表性的包装设计图纸制作，以盒类、袋类、瓶类、手提盒、手提袋的设计制图为例，介绍了结构图、装潢图、效果图的绘制要领；同时，还结合工艺对制图进行了"点睛"。另外，在兼顾行业中大多数人用平面软件绘制包装效果图的同时，还介绍了如何用三维软件绘制更真实的效果图的诀窍。

实践

临摹本章中的各个实例。

　　（1）体会其设计定位、设计策略、材料结构、装饰装潢、制作工艺等内涵性要点。

　　（2）从本质上理解包装设计的表现思想。掌握盒类、袋类、瓶类等最常见包装形式的设计表现方法，并举一反三地运用到自己的设计中。

第6章
实战：ArtiosCAD 包装设计应用

第 5 章讲述了大多数企业的包装制图方法，但更专业高效的却是艾司科（ESKO）系列软件，虽然目前用户不多，但在人工智能日益进步的趋势下，极有可能会普及。故专辟一章，以其中一个包装结构设计软件 ArtiosCAD 为例（这里以 7.6 中文版为例），让读者感受其专业与高效。

主题 **01**

ArtiosCAD 概述

传统包装设计要么是利用现有的包装结构做装潢设计，要么是装潢设计与结构设计分别由两个团队来做，类似一人吹笛一人按眼，终究不是长远之计。另外，即使由一个人或一个团队来做，在设计图纸上也难以检查出结构尺寸的问题，往往要试验若干遍，效率不够高。但 ArtiosCAD 就能轻松解决包装结构中的问题，达到事半功倍的效果。

ArtiosCAD 又称"雅图"，是艾司科（ESKO）公司专门为包装结构设计而开发的一款 CAD 软件。它能进行包装结构设计，且能仿真折叠成三维模型；可与 CorelDRAW、Illustrator、SolidWorks 等软件进行配合；更能与生产加工流程密切配合，如模切、清废版设计等。ArtiosCAD 具有强大的数据库，既可以调用现有的结构加以使用或改进，也可以通过它自定义本公司的模板（图 6-1）。主要用于折叠纸盒、瓦楞纸箱及销售点展示陈列包装的设计。

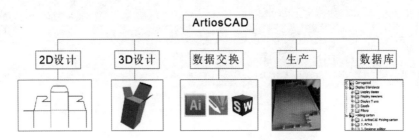

图 6-1 ArtiosCAD 的应用范围

1. 新建文件

启动 ArtiosCAD 软件后，界面如图 6-2 所示，需新建文件或打开文件才会出现其他工具。

图 6-2　ArtiosCAD 启动界面

单击【文件】菜单项，就会弹出图 6-3 所示的子菜单，选择【新建】命令，会弹出图 6-4 所示的界面，从这个界面中可以创建纸箱或纸盒，并且可以很方便地选择材料，单击【确定】按钮就可以绘制原创图纸。

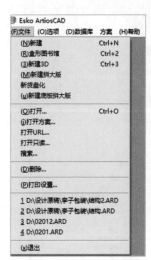

图 6-3　【文件】下拉菜单

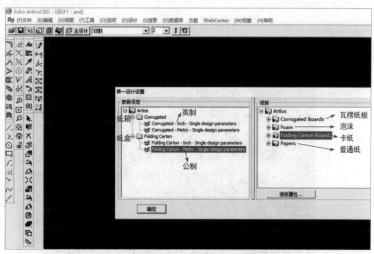

图 6-4　【单一设计设置】对话框

【盒型图书馆】里存放有大量比较成熟的盒型，可以直接调用编辑，主要有瓦楞纸箱、展示盒和折叠纸盒三大类盒型库，每种盒型下又有若干小类，能够很方便地绘制包括前面提到的 FEFCO、ECMA 等常见盒型，如图 6-5 所示。选择一个盒型并单击【确定】按钮，就会弹出图 6-4 所示的对话框，设置好参数后单击【确定】按钮，就会出现图 6-6 所示的向导，按照向导输入尺寸就能快速地设计一个盒型。

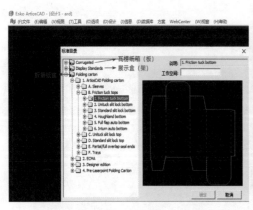

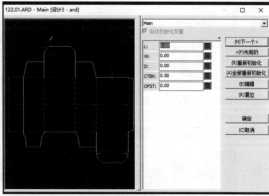

图 6-5　盒型　　　　　　　　　　　　　　　　图 6-6　盒型设计向导

2. 自定义工作空间

（1）显示常用工具条。ArtiosCAD 的界面与大多数软件一样，在标题栏、菜单栏下面主要有标准工具栏、工具栏和选择工具栏（图 6-7）。可以根据需要关闭不常用的工具条，最简单的方法就是将不需要的工具条拖出来，然后单击 ⊠ 按钮将其关闭。当然也可以单击视图栏中的【工具条对话】按钮 F，先单击【全关】按钮，再在需要开启的工具条图标上单击，如图 6-8 所示。

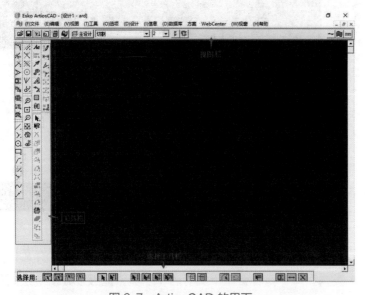

图 6-7　ArtiosCAD 的界面　　　　　　　　　　图 6-8　显示常用工具条

（2）设置默认值。根据实际工作，设置一些参数的默认值有利于提高工作效率，选择【选项】→【默认值】命令，会出现很多默认值（图 6-9），下面来介绍较基础的几个。

①单一设计参数设定。展开【单一设计参数设定】卷展栏，双击【出血 / 上涂层偏移】图标可以设置出血偏移，如图 6-10 所示。再展开【启动默认值】卷展栏，双击【楞向 / 纹理】图标还可以设置默认的楞向 / 纹理方向。其他的都可以双击设置（这里不再重新设置）。

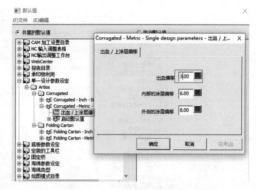

图 6-9 默认值　　　　　　　　　　　　　　图 6-10 设置出血偏移

②定做的工具栏。可以给工具条标记颜色以方便快速找到，当然也不要定义太多，不然反而难找。例如，这里将使用频率最高的【几何图形】与【调整】工具条标上淡红色：展开【定做的工具栏】卷展栏，双击【ArtiosCAD 工具条颜色】图标，然后选择【几何图形】工具条，单击下方的【工具条颜色】按钮，选择好颜色后单击【确定】按钮，最后单击【应用】按钮（图 6-11）；按相同的方法给【调整】工具条标上颜色。但这时工具条并未变色，还需要选择【文件】→【保存】命令（图 6-12），再关闭对话框，工具条颜色就会显示出来（图 6-13）。

图 6-11 为工具条标色　　　　图 6-12 保存设置　　　　图 6-13 设置颜色成功

③快捷键。以【设计快捷键】为例，展开【快捷键】卷展栏，双击【设计快捷键】图标，在弹出的对话框中可以看到有些命令有快捷键而有些命令没有。这里双击没有快捷键的【移动】项，在快捷键文本框中输入"M"，然后单击【确定】按钮（图6-14），再单击【应用】按钮，如前所述，保存然后关闭对话框即可。

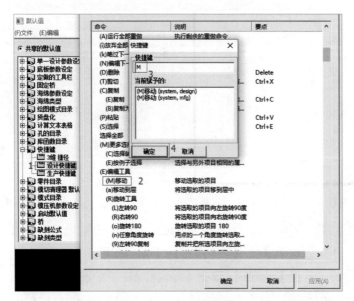

图 6-14　设置快捷键

特别提示：

① 建议不要改动默认快捷键，只为常用但没有快捷键的命令定义快捷键。

② 不要与已有的快捷键冲突。

④单位和格式。展开【启动默认值】卷展栏，双击【单位和格式】图标就可以进行设置了（图6-15）。

⑤屏幕颜色。可以根据自己的习惯设置屏幕颜色，只需展开【设计默认值】卷展栏，双击【屏幕颜色】图标即可进行设置（图6-16）。另外，在此也可以双击【默认参数设定】图标，将单位设置为公制（Metric）。

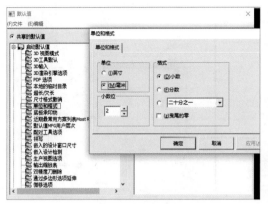

图 6-15　设置默认单位　　　　　　　图 6-16　设置屏幕颜色

⑥设置尺寸与文本。展开【属性默认值】卷展栏，双击【尺寸】图标，设置默认单位与尺寸（图 6-17）。双击【文本】图标，设置默认字体（图 6-18）。

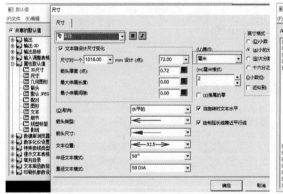

图 6-17　设置默认尺寸　　　　　　　图 6-18　设置默认字体

其他设置大体也是如此，设置完后保存并关闭对话框，这些设置即可生效。

3. 常用工具

这里主要介绍图层、视图栏和基本工具条中的命令。

（1）图层。与 AutoCAD、Photoshop、Illustrator 等软件的图层类似，可在特定的层绘制特定的图，以方便管理，提高效率。只是 ArtiosCAD 的图层更加便捷，因为其内置了很多常用的图层。单击标准工具栏中的【主设计】按钮就会弹出图层管理对话框，通过它可以创建、显示 / 隐藏或锁定图层（图 6-19）。选择某个图层，单击【属性】按钮，就可以更改名称或类型（不过一般都不更改），还可删除（图 6-20）。

图 6-19　图层管理器　　　　　　　　　图 6-20　层的属性

（2）视图栏。【打开】【保存】命令大同小异，就不再赘述，视图栏中的其他按钮名称如图 6-21 所示。其命令简介如表 6-1 所示。

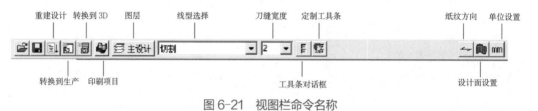

图 6-21　视图栏命令名称

表 6-1　视图栏命令简介

命令名称	命令简介
重建设计	对现有的设计进行调整，重新设计
转换到生产	把现有设计转换成生产文档
转换到 3D	把现有设计转换成 3D 文档
印刷项目	创建出可列印的文档
图层	增加、删除和修整图层
线型选择	显示在列表中的是在现有工作空间可以使用的线条类别
刀缝宽度	显示常用的刀具点数值
工具条对话框	能控制工具条的显示和隐藏
定制工具条	能控制定制工具条的显示和隐藏
纸纹方向	可设定纹理或波纹的方向
设计面设置	显示现有的设计面（内面或外面）
单位设置	切换显示现有数值单位（英寸或毫米）。也可选择【选项】选项，在【单位和格式】命令下设置

（3）工具条。这里选择一些使用频率较高的工具进行简单介绍，工具名称如图 6-22

所示。命令简介如表 6-2 所示（编辑工具条中的工具看到提示就能知道用法，后面会以案例的形式讲解，此处不赘述）。

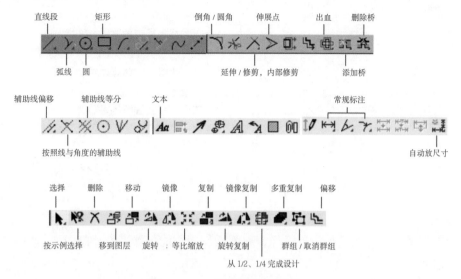

图 6-22　工具条常用工具名称

表 6-2　工具条常用命令简介

工具条	工具名称	工具图标	工具简介
几何工具条	直线段		以偏转角、偏移距离绘制直线段
	弧线		以起始角、圆心、通过点、结束点绘制弧线
	圆		绘制圆或椭圆
	矩形		绘制矩形
调整工具条	倒角 / 圆角		对图形进行倒角或圆角
	延伸 / 修剪，内部修剪		进行延伸、修剪、内部修剪等
	伸展点		移动点和线，圆弧和贝兹尔曲线的结束点
	出血		创建内外出血图层
	添加桥		添加桥或缺刻
	删除桥		删除桥或缺刻

续表

工具条	工具名称	工具图标	工具简介
辅助线工具条	辅助线偏移		以偏移距离或角度的方法绘制辅助线
	按照线与角度的辅助线		按照线以一定角度作辅助线
	辅助线等分		创建线段或圆弧的等分辅助线
注释工具条	文本	*Aα*	创建文本注释
尺寸工具条	常规标注		标注线段、角度、半径及直径
	自动放尺寸		自动标注图纸尺寸

（4）视图工具。与其他软件一样，熟悉操作视图能更加高效地绘图，其功能简介如表 6-3 所示。

表 6-3　视图工具简介

图标	命令	执行方法及快捷键
	放大、中心窗口放大、缩小	滚动鼠标滚轮，【Ctrl+R】组合键，按【Ctrl+A】组合键
	撑满缩放	按【Ctrl+D】组合键
	视图模式	—
	平移	按住鼠标滚轮拖动
—	退出操作	单击鼠标右键，按【Esc】键

（5）状态栏及选择工具。绘制图形时，状态栏如图 6-23 所示。下方是操作提示，上方是数据输入区，输入结束后，按【Enter】键即可。按【Tab】键或左右方向键可移动到下一项目。而编辑图形时，状态栏则变为图 6-24 所示的各种选择工具。其工具简介如表 6-4 所示。

图 6-23　绘图时的状态栏

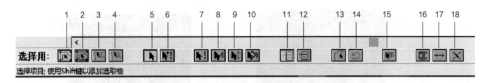

图 6-24 编辑时的状态栏

表 6-4 选择工具简介

编号	命令简介	编号	命令简介
1	可选择群组	10	选择图形对象
2	忽略群组	11	选择交叉对象
3	选择连接的线条	12	选择内部对象
4	选择连接线条的首段	13	选择多边形
5	选择设计线	14	撤销上一条线
6	选择设计线和辅助线	15	选择所有项目
7	选择辅助线	16	伸缩微移
8	选择文本	17	使用固定点微移
9	选择尺寸标注	18	在线条指定的方向微移

4. 小试牛刀

这里以两个小型的情境案例来实践训练一下,感受一下用 ArtiosCAD 制图的思路。

(1)移动到点。初次绘图时,默认原点为起点或圆心,若要改变到其他位置,则需要用【移动到点】命令。

步骤一 新建一个文件,单击【线角度/偏移】按钮▱,从原点绘制一条线段,右击结束(图 6-25)。这时若再绘制就默认接着此线末端,若下一点为此线中点或其他点该怎么画呢?

步骤二 单击【移动到点】按钮▱,在线段中点单击,会出现一个小圆圈,如图 6-26 所示,再绘制图形时就会以新设的点为起点或圆心了。

图 6-25　绘制直线段　　　　　　　　图 6-26　移动到点

特别提示：也可在绘图时按住【Ctrl】键并单击需要设为起点或原点的位置。

（2）绘制矩形纸板。这里用画线的方法绘制一个 100mm×60mm 的矩形纸板。

步骤一　新建一个文件，单击【线角度 / 偏移】按钮 ，从原点绘制一条线段，然后在状态栏中将【角度】设置为 0，按【Enter】键，再在【X：】数值框中输入"100"（图6-27）并按【Enter】键。

步骤二　绘制垂线。在状态栏中将【角度】设置为 0，按【Enter】键，再在【Y：】数值框中输入"60"（图 6-28）并按【Enter】键。按照同样的方法，将最后一条线直接连接起点即可。

图 6-27　绘制水平线段　　　　　　　　图 6-28　绘制垂直线段

步骤三　观察三维效果。缩放到合适大小，然后单击视图栏中的【转换到 3D】按钮 ，再单击【视图角度】按钮 ，调整视角，就可以看到三维效果了，如图 6-29 所示。

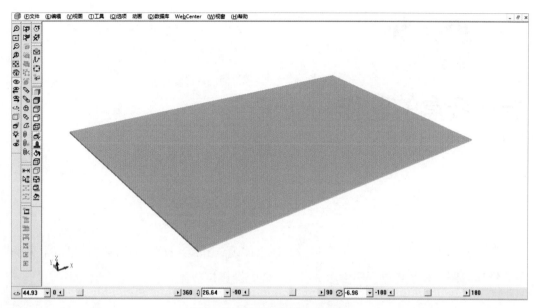

图 6-29　矩形纸板的三维效果

　　特别提示：也可以用【矩形工具】🔲，在状态栏中的【X：】数值框中输入 100 并按【Enter】键，在【X：】数值框中输入"60"并按【Enter】键，这样绘制矩形会更快速。

主题 **02**

折叠纸盒的制作

前面的介绍和实训仅仅算一个热身，还未体现 ArtiosCAD 的专业性，这里以常见的折叠纸盒为例，在制作过程中学习 ArtiosCAD 的操作技巧。

1. 绘制折叠纸盒

这里以一个药品折叠纸盒为例，尺寸为 125mm×80mm×25mm。

特别提示：最好先在草图上绘制，标注尺寸，这样在电脑中绘制会更高效。

步骤一 新建一个文件，单位为公制，如图 6-30 所示，然后创建 "尺寸" "注释" 两个图层，分别用于绘图、标注与绘制辅助线，如图 6-31 所示。

图 6-30 新建文件

图 6-31 创建图层

步骤二 切换到 "主设计" 图层，单击【矩形工具】按钮，在状态栏的【X：】【Y：】数值框中分别输入 25、125，绘制盒子的侧面（图 6-32）。切换到【扩展线】工具，选择矩形右边线，在状态栏输入偏移距离 80（图 6-33）。

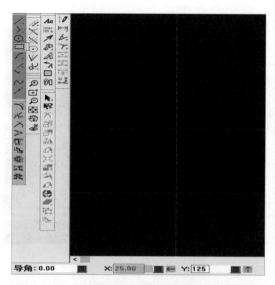

图 6-32　绘制侧面　　　　　　　　　图 6-33　绘制正面

步骤三　切换到【选择】工具，选择绘制好的两个矩形，再单击【复制】按钮，
将这两个矩形复制，如图 6-34 所示。

图 6-34　复制矩形

步骤四　继续使用【扩展线】工具绘制其他面，如图 6-35 所示。

步骤五　切换到"注释"层，单击【按照线与角度的辅助线】按钮，选择粘贴翼上的
线，然后锁定 20°或在状态栏输入 20°，再单击鼠标左键，如图 6-36 所示。

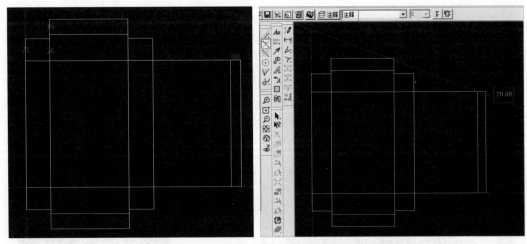

图 6-35 绘制其他面　　　　　　　　　图 6-36 绘制角度辅助线

步骤六 按照相同的方法绘制其他带角度的辅助线，如图 6-37 所示（因 4 个防尘翼完全相同，故也可以先绘制一个，完成后再复制其他三个）。

步骤七 切换到【辅助线偏移】工具 ，单击顶折翼的折线，往下偏移 2mm，如图 6-38 所示（注意不要单击到端点及中点，不然就成了旋转）。

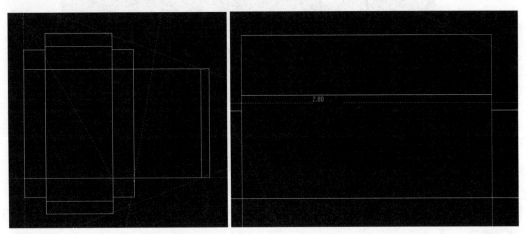

图 6-37 添加其他角度辅助线　　　　　图 6-38 绘制偏移辅助线

步骤八 继续偏移其他辅助线，如图 6-39 所示。

步骤九 绘制细节。切换到"主设计"图层，单击【以角度画线】按钮 ，按住【Ctrl】键单击斜线起点，然后在终点单击，完成后右击确认，如图 6-40 所示。

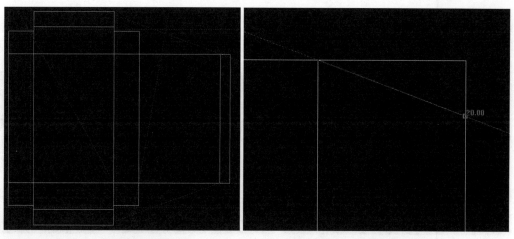

图 6-39　偏移其他辅助线　　　　　图 6-40　沿着辅助线绘制斜线

步骤十　用同样的方法绘制防尘翼的细节，效果如图 6-41 所示。

步骤十一　切换到【修剪 / 延伸】工具，单击图 6-42 所示的两条线，将多余的线修剪掉，切换到【伸展点】工具，选择防尘翼右下角的点，将其拖动到图 6-43 所示的交点。

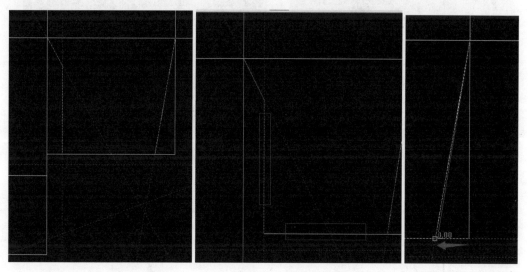

图 6-41　绘制防尘翼　　　　　图 6-42　修剪多余的线　　　　　图 6-43　伸展点

步骤十二　用同样的方法处理粘贴翼的点。切换到【选择】工具，选择其他几个粘贴翼，按【Delete】键删除（若在绘制防尘翼时只绘制一个，这里就不用删了），效果如图 6-44 所示。

步骤十三　选择绘制好的防尘翼，切换到【垂直镜像复制】工具，捕捉顶板线的中点并复制左下的防尘翼（图 6-45）。按住【Shift】键并选中绘制好的两个防尘翼，切换到【水平镜像复制】工具，继续镜像复制完成上面两个防尘翼的绘制。

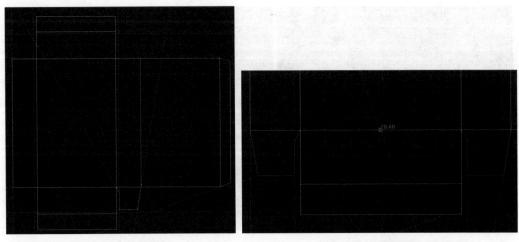

图 6-44 绘制细节   图 6-45 镜像复制防尘翼

步骤十四 切换到【导角】工具 ，在状态栏中输入导角半径（图 6-46），然后选择顶折翼的两条边，为其导圆角；继续将其他三个角导圆角，效果如图 6-47 所示。

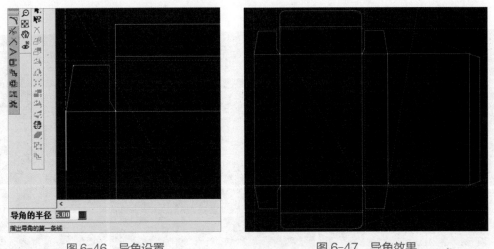

图 6-46 导角设置   图 6-47 导角效果

步骤十五 绘制锁口。切换到"注释"层，单击【辅助线偏移】按钮 ，将顶板向内偏移 6mm（图 6-48），再把另一边也向内偏移 6mm。然后切换回"主设计"层，绘制一条线段连接辅助线的两个交点，再以这两个交点为圆心绘制圆，如图 6-49 所示。

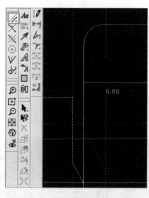

图 6-48 设置锁口辅助线　　　　　图 6-49 绘制锁口所需线

特别提示：切换圆心前需先按住【Ctrl+W】组合键，然后选择需要作为圆心的点。

步骤十六　　切换到【修剪内部】工具，将多余的线修剪掉（图 6-50），再按照同样的方法绘制出底折翼。隐藏"注释"层（图 6-51），单击【视图模式】按钮，在弹出的对话框中取消选中【辅助线】复选框，单击【确定】按钮，隐藏辅助线（图 6-52），效果如图 6-53 所示。

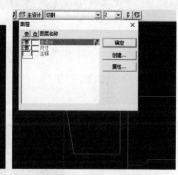

图 6-50 修剪多余线　　　　　　　图 6-51 隐藏注释层

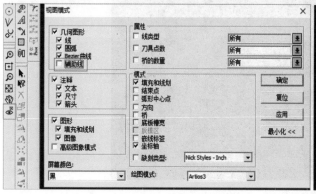

图 6-52 隐藏辅助线　　　　　　　图 6-53 折叠盒效果

步骤十七 设置模切线。折叠纸盒主要有压痕线和切割线两种，前者用虚线，后者用实线，这样方便生产制作。但若线型错误，例如，现在的图纸若是直接模切将会把线全部切掉，使图纸成为零碎的块面，所以需要设置一下。首先切换到【选择】工具，按住【Shift】键选择压痕线，在【线型选择】下拉列表中选择"折痕"线（图6-54），盒型结构绘制完毕，效果如图6-55所示。

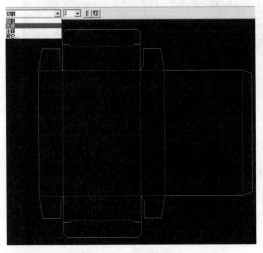

图6-54 选择折痕线　　　　　　　　　　　　　　　　图6-55 折叠盒结构图

步骤十八 标注尺寸。切换到"尺寸"层，单击【自动放尺寸】按钮，单击任意一点，尺寸就标注成功了（系统内置颜色为深蓝色，但输出后即可看到清晰的黑白图），如图6-56所示。

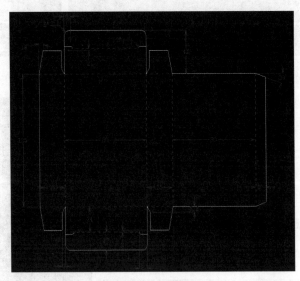

图6-56 标注尺寸

2. 盒型检查

盒型绘制完了不等于就可以直接拿去生产加工了，因为若有重叠线或碎线，会对打样或生产加工造成麻烦，主要是会降低效率。因为有几条线就会模压几次，但肉眼是难以发现的，所以必须进行盒型检查。

步骤一　设计检查。隐藏"尺寸"层，选择【设计】菜单下的【设计检查】选项，弹出【设计检查】对话框，并在图纸上用紫色线及小圆标示出来，如图 6-57 所示。选中【是】单选按钮，单击【确定】按钮，删除重叠线，再执行【设计检查】命令，就会显示"没有找到双线""没有找到间隙"，就完成了设计检查（图 6-58）。

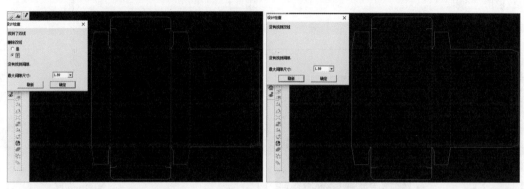

图 6-57　检查双线　　　　　　　　　　图 6-58　清除双线

步骤二　模切割清理。选择【设计】菜单下的【模切割清理】选项，会弹出图 6-59 所示的 9 个按钮，将鼠标指针放到按钮上就会弹出相应的提示。可以逐个单击检查，也可以单击【寻找全部】按钮，若有问题就会在"找到"下面显示，然后单击【修正选取的】或【修正全部】按钮；若没有则显示"-"，如图 6-60 所示。

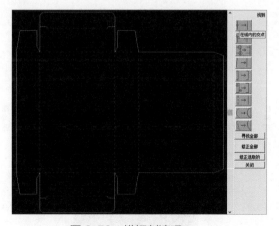 

图 6-59　模切割清理　　　　　　　图 6-60　寻找模切割问题

至此，此折叠纸盒的结构才算绘制完毕，可以打样或加工了。当然也可以输出为其他格式做包装装潢设计。

3. 从盒型库设计纸盒

对于盒型库中没有的折叠纸盒可以用前面的方法绘制，但 ArtiosCAD 的强大功能之一就是盒型库，所以对于盒型库中有的盒型也可直接从盒型库新建，只需改一些参数即可。这里以第 2 章的李子包装（图 2-16）为例来尝试一下从盒型库设计折叠纸盒或折叠纸箱的高效方法。这种手提纸盒基本是 FEFCO 里的 0217 型，可以按以下步骤创建。

步骤一　选择【文件】菜单下的【盒型图书馆】选项，在弹出的对话框中选择"F0217"型纸箱，然后单击【确定】按钮，如图 6-61 所示。在弹出的对话框中选择纸箱单位为公制，然后单击【确定】按钮，如图 6-62 所示。

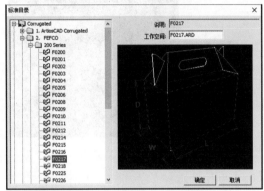

图 6-61　从盒型库中选择盒型

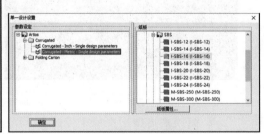

图 6-62　设置参数和纸板

特别提示："盒型图书馆"翻译得很生硬，意即"盒型库"，能极大地提高工作效率，是此软件的一大优势。

步骤二　如图 6-63 所示，输入设计尺寸，单击【下一个】按钮。然后继续单击【下一个】按钮，直到最后单击【确定】按钮，如图 6-64 所示。

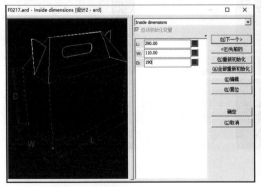

图 6-63　设置盒子的主要尺寸

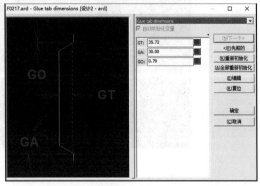

图 6-64　其他尺寸直接用默认尺寸

步骤三　选择【设计】菜单下的【设计检查】选项，在弹出的对话框中选中【是】单选按钮，然后单击【是】按钮删除双线，如图 6-65 所示。

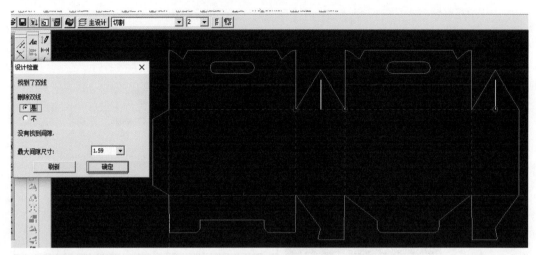

图 6-65　设计检查

步骤四　选择【设计】菜单下的【模切割清理】选项，单击【寻找全部】按钮，找到几个问题（图 6-66）；单击【在线内的交点】按钮 ↦ 后再单击【修正选取的】按钮，在弹出的对话框中选择【没有保存将不能重建和进行】选项，单击【确定】按钮；再单击【合并点】按钮 ↤ 并单击【修正选取的】按钮，最后单击【关闭】按钮。这样就将模切割清理完毕，至此结构图绘制完毕，保存即可。

图 6-66　模切割清理

步骤五 这一步需要将结构图导出为 DWF 格式,以便在 CorelDRAW 中绘制装潢图。
选择【文件】菜单中的【输出】选项,选择 DXF 的公制(图 6-67),然后在弹出的对
话框中保持默认设置(图 6-68),单击【确定】按钮进行输出。

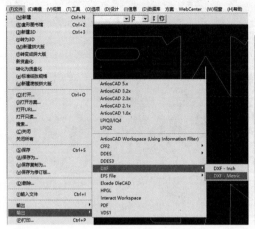

图 6-67 设置盒子的公制   图 6-68 输出设置

步骤六 打开 CorelDRAW,按【Ctrl+I】组合键导入刚才输出的 DWF 文件,在弹出的
对话框中选中【公制】单选按钮(图 6-69),单击【确定】按钮,然后单击鼠标左键,
就成功将 DWF 文件导入了 CorelDRAW,如图 6-70 所示。

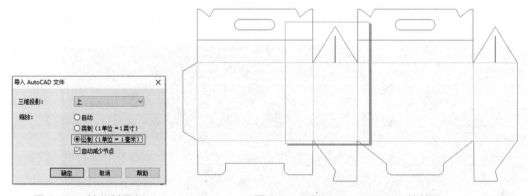

图 6-69 按公制导入   图 6-70 导入 CorelDRAW 的效果

步骤七 将纸张改为"A1",将较窄的两翼加宽,根据 E 瓦的厚度调整打孔的宽度,
再加上透气孔,效果如图 6-71 所示。

步骤八 绘制好装潢设计图,效果如图 6-72 所示。

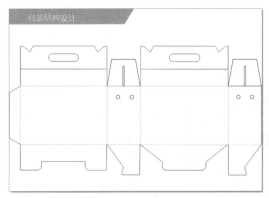

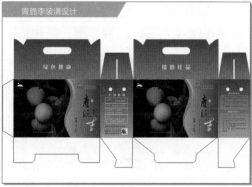

图 6-71　微调结构　　　　　　　　　　图 6-72　绘制包装装潢图

通过对比可以看出，使用盒型库绘制包装结构图效率更高，读者可先熟悉盒型库中的包装，以便在实际设计中事半功倍。

4. 三维操作

ArtiosCAD 不仅能绘制二维图形，还能处理三维图形。

（1）3D 界面。选择【文件】菜单下的【新建 3D】选项，就会弹出图 6-73 所示的界面，这便是三维工作区。可以看出，与二维界面大致相同，不同的是默认背景色为白色，状态栏无选择工具。

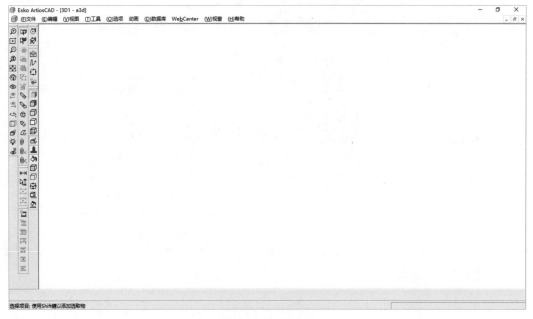

图 6-73　三维界面

（2）3D视图模式。与二维工作区一样，可以单击【视图模式】按钮 ♨ 进行设置，就会弹出图6-74所示的对话框，其含义如表6-5所示。

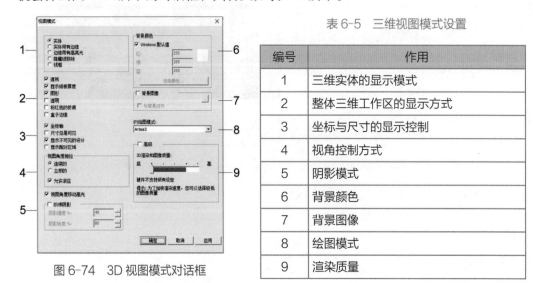

图6-74 3D视图模式对话框

表6-5 三维视图模式设置

编号	作用
1	三维实体的显示模式
2	整体三维工作区的显示方式
3	坐标与尺寸的显示控制
4	视角控制方式
5	阴影模式
6	背景颜色
7	背景图像
8	绘图模式
9	渲染质量

（3）3D工具条。选择【视图】菜单下的【工具条】选项，与二维工具条一样，3D工具条也可以按需求显示，默认是全部显示，其对应名称如图6-75所示。

图6-75 三维工作区工具条

（4）将二维图折叠为三维盒。

步骤一 打开前面绘制的折叠纸盒，单击【视图栏】下的【转为 3D】按钮，选择前板为基准面（图 6-76），然后单击【确定】按钮。

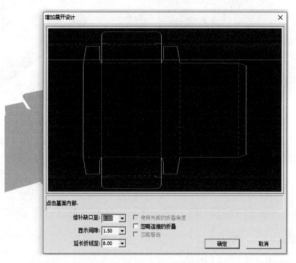

图 6-76 选择基准面

步骤二 若发现纸板色与背景色比较相近，可改变纸板色。选择纸板并右击，在弹出的快捷菜单中选择【属性】选项，重新设置纸张内外的颜色，如图 6-77 所示。然后单击【视图角度】按钮，按住鼠标左键拖动即可环绕观察，也可以拖动下面的滑块进行水平、垂直和角度旋转观察，如图 6-78 所示。

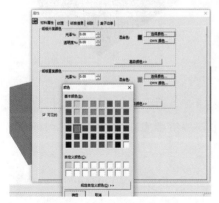

图 6-77 改变纸板颜色

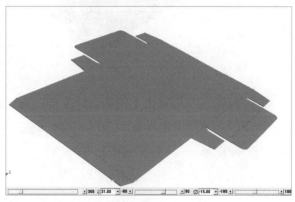

图 6-78 环绕观察

步骤三　折叠。单击【折叠角度】按钮✎，选择一条折线，在状态栏的【角度】下拉列表框中选择 90° 或直接输入角度（图 6-79），确认后就能折起了，如图 6-80 所示。

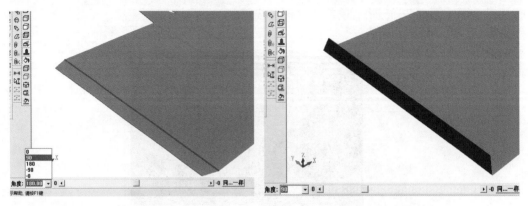

图 6-79　选择折痕与角度　　　　　　　　　　　　　图 6-80　折叠效果

步骤四　继续用此方法折叠左、右、后面板，效果如图 6-81 所示。也可按住【Shift】键多选几个折痕一起折叠，图 6-82 所示的就是将底面板的四条折痕同时选中然后折叠 90° 的效果，其余折线也可以这样折叠。

图 6-81　按 90° 折叠纸盒　　　　　　　　　　　图 6-82　多条折线同时折叠

还可在转为 3D 后单击【折叠全部】按钮✎，选择一条折痕就能选择所有折痕，在【角度】下拉列表框中选择 90°（图 6-83），就能一步到位折叠成功了，单击空白处，效果如图 6-84 所示。

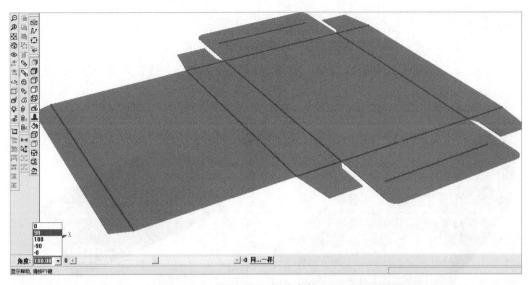

图 6-83　折叠全部

（5）录制动画。可以将折叠的过程录制成动画，这样可以检验设计的成型过程。因为从设计师的角度讲，纯靠想象或绘图来验证成型有一定难度，复杂结构更是如此。而且，录制动画后给客户汇报设计提案时会更加直观，沟通效率更高。其录制方法如下。

步骤一　打开前面绘制的折叠纸盒，转为 3D，单击【增加画面】按钮，再单击【动画重放】按钮，在弹出的对话框中选中【插入改变为一个新的画面】单选按钮（图 6-85），单击【确定】按钮后，在状态栏可以设置动画时间，这里采用默认值 3s。然后单击【折叠角度】按钮，将一个面折叠 90°，如图 6-86 所示。

图 6-84　折叠纸盒效果

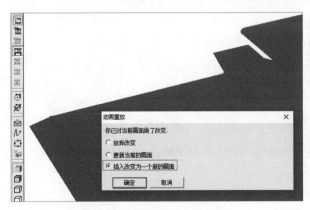

图 6-85　设置动画重放选项

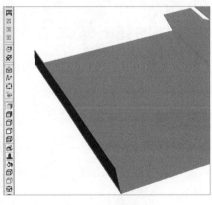

图 6-86　折叠纸盒

步骤二　继续单击【动画重放】按钮🔳，选中【插入改变为一个新的画面】单选按钮，采用默认值3s，再选择一个折线折90°，如图6-87所示。重复【动画重放】和【折叠角度】命令，将所有折痕折成盒子。然后可以单击【播放】按钮观看动画效果，如图6-88所示。

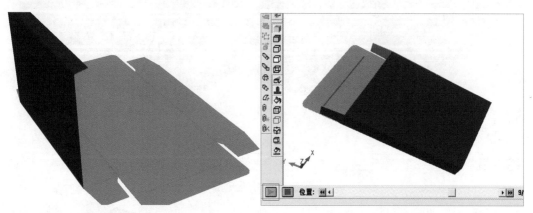

图 6-87　记录动画　　　　　　　　　　　图 6-88　播放动画

步骤三　输出动画。选择【文件】菜单下【输出－3D】子菜单中的"Animation-AVI"选项，如图6-89所示。在弹出的对话框中可以设置帧率、尺寸等，这里就用默认设置，但最好选中【缩放以适合每一帧】复选框，因为这样能避免出现画面过大或过小的情况，如图6-90所示。

图 6-89　输出动画命令　　　　　　　　　图 6-90 输出动画设置

步骤四　选择【概要】选项卡，设置文件保存路径，可取消选中【自动地打开】复选框（图6-91），然后单击【确定】按钮，就会弹出保存动画进度条，如图6-92所示。保存完成后就可以用视频播放软件播放动画了。

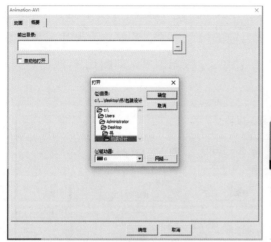

图 6-91　设置动画输出路径　　　　　　　　　图 6-92　输出动画

5. 拼大版

前面绘制的二维结构图能够满足打样或打印的需求，但还满足不了批量化生产的需求，所以还必须了解拼大版。虽然拼版有专门人员来做，不需要包装设计师亲自做，但了解拼大版更利于设计，如能够更好地控制尺寸和成本等。ArtiosCAD 能够自动高效地拼版，其工作流程如下。

步骤一　选择【文件】菜单下的【新建拼大版】选项，会弹出图 6-93 所示的对话框，左边设置承印物，与前面一样可选择纸箱纸板或折叠纸盒材料，然后选择公制或英制尺寸；右边设置设备，包括模压机和印刷机，这里就如图设置。单击【确定】按钮后，就会出现一个生产的界面，单击视图栏中的【ArtiosCAD 工具条对话框】按钮，就会弹出相应的工具条名称（图 6-94），可根据需要显示或隐藏。

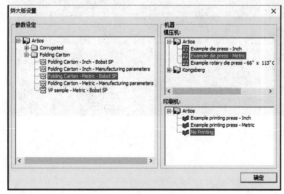

图 6-93　拼大版设置　　　　　　　　　　　图 6-94　生产工具条

步骤二 视图中的粉、蓝两条虚线就是底版，即承印物，可选择后右击，选择【属性】选项，会弹出图 6-95 所示的对话框，显示出目前的尺寸参数。若要更改尺寸，就单击相应按钮，然后输入新尺寸并单击【应用】与【确定】按钮即可，如图 6-96 所示。

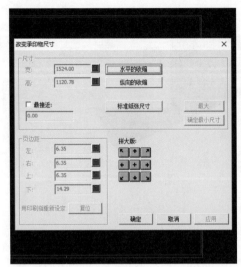
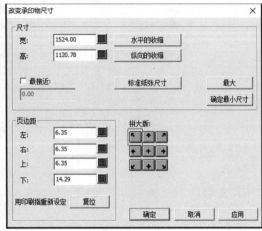

图 6-95　承印物尺寸　　　　　　　　　图 6-96　修改承印物尺寸

步骤三 添加设计。单击【添加单设计】按钮 🖾，将前面绘制的折叠纸盒添加进来，效果如图 6-97 所示。

步骤四 拼大版。单击【选择单设计】工具 🔖，选择已添加的设计，然后单击【直接组版】工具 🎴，按住鼠标左键拖动到右上角就拼好了版，如图 6-98 所示。

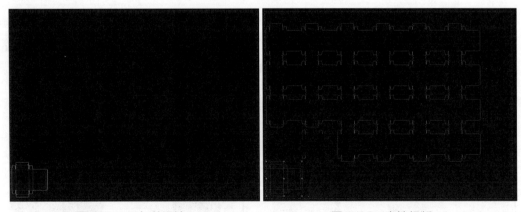

图 6-97　添加单设计　　　　　　　　　图 6-98　直接组版

特别提示：

①除了直接组版外，组版隐藏工具中还有"颠倒第二行组版""颠倒第二行对齐组

版""颠倒第二列组版""颠倒第二列对齐组版" 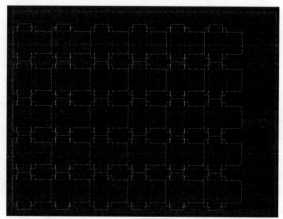 4 个工具，可根据实际情况选择。

②此案例底版利用率还不高，可用其他更合适的底版来拼。若继续用此底版可以选择【文件】菜单下的【输入文件】命令，手动拼几个设计，以最大限度地利用底版。

步骤五 添加桥。拼成的大版如图 6-99 所示。若这样拿去模切将会把它切成数十个单个的纸盒，会造成一些麻烦，行业中称为"散版"。所以就需要既切断又让它们连成一版——这就称为"添加桥"。

ArtiosCAD 能够自动添加桥。单击【添加桥】按钮，在弹出的对话框中单击【是】按钮，如图 6-100 所示。

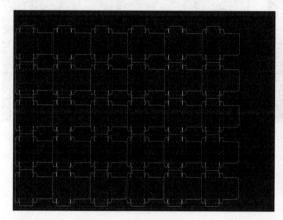

图 6-99　完成的拼版

图 6-100　执行【添加桥】命令

步骤六 在弹出的对话框中选中【删除双重刀】单选按钮（即重叠切割线，如图 6-101 所示），单击【确定】按钮后就添加好了桥，如图 6-102 所示。

图 6-101　删除双重刀

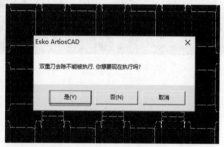

图 6-102　完成添加桥

步骤七 若觉得桥较多也可以删除一些桥。选中其中一个单设计，单击【删除桥】按钮，在不需要添加桥的地方单击一下即可，如图6-103所示。

特别提示：也可以改变一下流程，效果一样——在二维结构图绘制完毕后就添加桥（图6-104），然后再单击视图栏中的【转变成拼大版】按钮，然后再拼版。

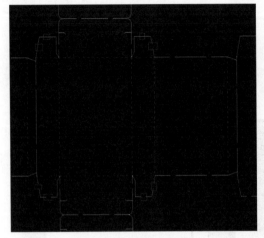

图6-103 删除一些桥

图6-104 二维结构图绘制完毕即添加桥然后拼大版

主题 **03**

瓦楞纸箱的制作

第 2 章介绍了瓦楞纸板和瓦楞纸箱的基本知识，那么设计瓦楞纸箱需要注意些什么呢？与设计折叠纸盒有何异同点呢？

1. 与纸板厚度有关的六大术语

由于瓦楞纸比卡纸要厚得多，对纸箱成型影响较大，因此其与折叠纸盒在设计上最大的区别就是得充分考虑它的厚度。在设计上，与瓦楞纸厚度相关的主要术语有厚度（CAL）、内部损失（IL）、外部增益（OG）、制造尺寸、内尺寸、外尺寸六大名词。为了避免抽象，这里以示意图和表格（表 6-6）描述，前三个术语的示意图如图 6-105 所示；后三个术语的示意图如图 6-106 所示。

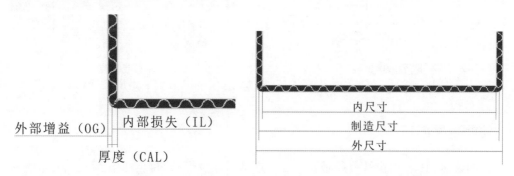

图 6-105　厚度、内部损失、外部增益　　　图 6-106　制造尺寸、内尺寸、外尺寸

表 6-6　与纸板厚度相关的六大术语

名词	含义或作用
厚度（CAL）	纸板厚度

名词	含义或作用
内部损失（IL）	从纸板中心到内壁的尺寸
外部增益（OG）	从纸板中心到外壁的尺寸
内尺寸	测量包装容积的重要依据
制造尺寸	生产尺寸，即设计图纸上的标注尺寸
外尺寸	纸包装体积尺寸，测量包装占用空间、计算储运空间的重要依据

新建文件时，选择好纸板并单击【纸板属性】按钮就可看到厚度、内侧损失、外侧增益等参数（图6-107）；在三维设计空间下选择一个设计并右击，选择【属性】选项，就会弹出图6-108所示的对话框，在【纸板信息】选项卡中能够看到纸板"厚度"和"内部损失"的数据，可以进行修改。

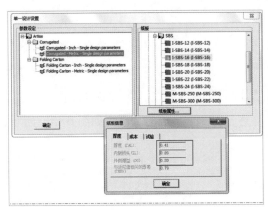

图6-107　查看厚度参数

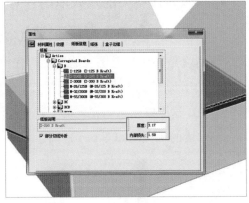

图6-108　查看或修改"厚度"及
"内部损失"参数

2. 绘制瓦楞纸箱

前面说过，纸箱的设计要点是要充分考虑纸板厚度带来的影响，介绍了六大术语后，这里在实例中运用一下。图6-109所示的是0201型纸箱结构图，槽宽和槽深的尺寸就与纸板厚度有关。需要注意的是，槽宽槽深的具体尺寸除了与纸板厚度有关，也与每个公司的标准有关（图6-110所示的就是某公司的设计技术参数），同样的盒型和尺寸在不同的公司，槽深与槽宽或许有细微差别。

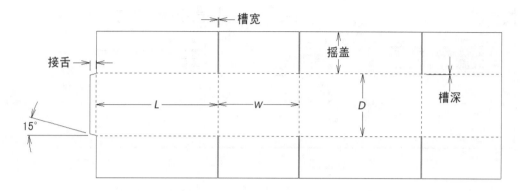

图 6-109　0201 型纸箱结构图

Q/DJ J424-07

平模和圆模内径尺寸到制造尺寸的换算（单位：mm）									
楞型	接舌	长+	宽1+	高+	宽2+	摇盖=(宽1)/2+		槽宽		槽降
						开槽、平模	圆模	平模	圆模	
BCC	50	13	13	20	8	5		10		4
EBC	50	10	10	17	6	4		8		
BC	40	8	8	13	5	奇数+2.5，偶数+3	2	6	7	3
BE	35	6	6	9	4	奇数+1.5，偶数+2	1.5	5	6	2
C	30	5	5	7	3	1	1	4	5	
B	30	3	3	6	2	1	1	3	5	1
E	30	2	2	4	1	0	0	3	4	

平模和圆模制造尺寸到外径尺寸的换算				平模和圆模内径尺寸到外径尺寸的换算				示意图
楞型	长+	宽+	高+	楞型	长+	宽+	高+	
BCC	7	7	20	BCC	20	20	40	
EBC	6	6	15	EBC	16	16	32	
BC	6	6	12	BC	14	14	25	
BE	4	4	10	BE	10	10	15	
C	3	3	5	C	8	8	12	
B	3	3	3	B	6	6	9	
E	2	2	2	E	4	4	6	

注 1．冲板在研发设计图纸净料上长 +1.5cm 毛边、平模高 +1.5cm 毛边、圆模高 +1.7cm 毛边；
注 2．随料订单如需模切，横向、纵向另加修边 1.5CM，开单尺寸最大为 70cm*50cm（不限瓦楞方向），所有分线垫片则按实际规格下单；
注 3．箱片手工裱合的七层开槽箱：长不加，高 +3cm 毛边；
注 4．箱片手工裱合的七层，九层箱片垫产品：长 +2cm 毛边，高 +2cm 毛边；
注 5．德力西 Himel 内盒加边标准：长 +3cm 毛边，高 +2cm 毛边；
注 6．结构设计出图时，请备注平模边框单边宽为 3.5cm。

图 6-110　某公司 0201 型纸箱设计技术参数

　　这里以一个 270mm×210mm×90mm 的 0201 型快递箱为例来介绍瓦楞纸箱的设计绘制。

步骤一　新建文件。选择一个 B 瓦（图 6-111），再创建"尺寸"和"注释"图层，把"主设计"图层定为当前层，如图 6-112 所示。

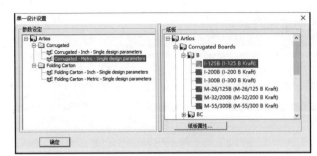

图 6-111　新建文件设置

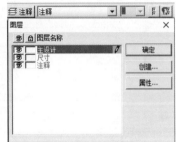

图 6-112　新建图层

特别提示：瓦楞纸下的名称"I-125 B Kraft"含义是"英制单位 125 型号 B 型瓦楞纸牛皮纸"，"M-26/125 B Kraft"含义是"公制单位 26 型号 125g B 型瓦楞纸牛皮纸"。类型含义如表 6-7 所示。

表 6-7　类型含义

型号	含义	型号	含义
B	B 型单楞双面	BC	双楞
BCCB	四楞	C	C 型单楞
EB	EB 型双楞	N	N 型
BCB	三楞	E	E 型单楞

步骤二　绘制箱身。与绘制折叠纸盒一样，使用【矩形】工具▢绘制一个长 270mm、高 90mm 的矩形，再根据尺寸扩展出其他面，如图 6-113 所示。

步骤三　绘制摇盖。摇盖为宽度的一半，所以可用【扩展】工具绘制八块摇盖，然后把接舌也扩展出来，尺寸为 30mm，如图 6-114 所示。

图 6-113　绘制箱身

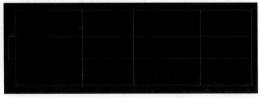

图 6-114　绘制摇盖和接舌

步骤四　绘制槽宽、槽深。B 瓦的槽宽一般是 3mm，槽深 1mm。切换到"注释"层，使用【辅助线偏移】工具，从摇盖左右各偏移 1.5mm 绘制辅助线，如图 6-115 所示。再用同样的方法将槽深辅助线偏移出来，如图 6-116 所示。

图 6-115 偏移槽宽辅助线

图 6-116 偏移槽深辅助线

步骤五 切换到"主设计"图层，使用【线偏移】工具 ✐ 沿着辅助线绘制线（图 6-117），然后使用【修剪内部】工具 ✚ 剪掉多余的线（图 6-118），再配合【Ctrl+W】组合键改变起点，继续用此方法绘制其他槽宽。

步骤六 绘制接舌。切换到"注释"图层，使用【以角度画辅助线】工具 ✕，在接舌上下各绘制 15°的辅助线（图 6-119），然后使用【伸展点】工具 ➤ 将接舌绘制好，切换到"主设计"图层，隐藏注释层（图 6-120）。

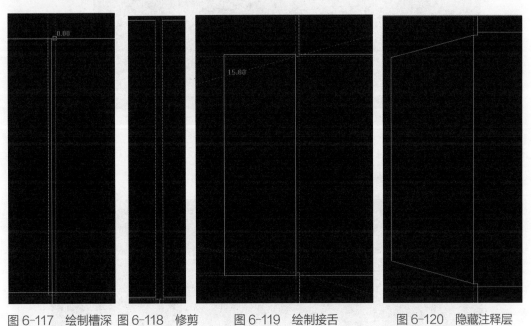

图 6-117 绘制槽深　图 6-118 修剪　　　图 6-119 绘制接舌　　　图 6-120 隐藏注释层

步骤七 设置线型。使用【选择】工具配合【Shift】键选择折痕线（图 6-121），然后将其设为"折痕线"。可单击【视图模式】按钮 ✦ 隐藏辅助线。

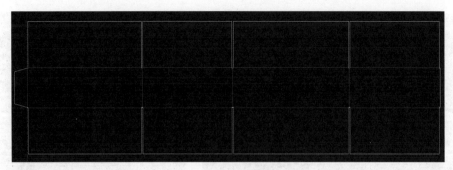

图 6-121　设置线型

步骤八　检查与清理。选择【设计】菜单下的【设计检查】选项，若有双线或间隙则处理掉。然后选择【设计】菜单下的【模切割清理】选项，找到问题（图 6-122），保存文件后进行修正。

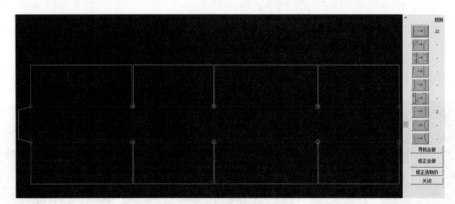

图 6-122　模切割清理

步骤九　标注。切换到"尺寸"图层，选择【自动放尺寸】工具，单击绘图区的任意一点，即可快速标注好整个纸箱结构设计图，如图 6-123 所示。

图 6-123　标注尺寸

3. 从盒型库中设计

0201 型这种市场上最流行的纸箱是很成熟的箱型，可以用盒型库创建，下面来体验一下其专业性与高效性。

步骤一　新建【盒型图书馆】，选择【F0201】型（图 6-124），单击【确定】按钮后选择公制的瓦楞纸板，选择 B 瓦，如图 6-125 所示。

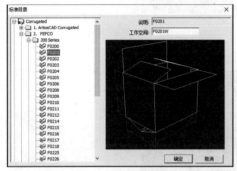

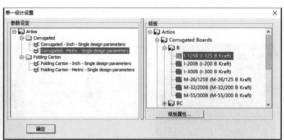

图 6-124　选择箱型　　　　　　　　　　图 6-125　选择参数和纸板

步骤二　在向导中输入长、宽、高参数（图 6-126），接下来的"基本样式"和"细节样式"按默认值设定，槽深值设为 1（图 6-127），半槽宽设为 1.5（图 6-128 和图 6-129）。摇盖尺寸为半宽即 105（图 6-130）；接舌宽度为 30（图 6-131），然后单击【确定】按钮，0201 型快递纸箱设置完毕。

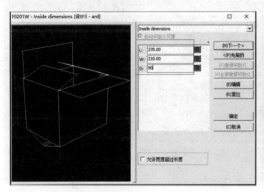

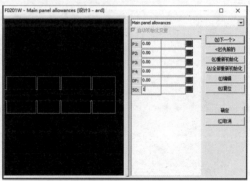

图 6-126　设置长、宽、高　　　　　　　　图 6-127　设置槽深

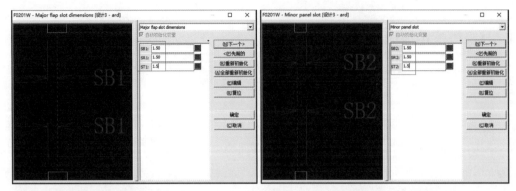

图 6-128　设置半槽宽 1　　　　　　图 6-129　设置半槽宽 2

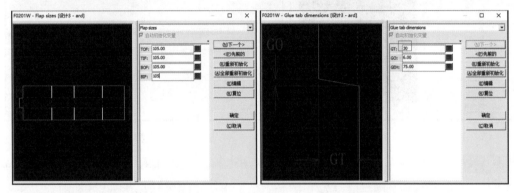

图 6-130　设置摇盖尺寸　　　　　　图 6-131　设置接舌宽度

步骤三　隐藏辅助线，显示"总尺寸"图层，效果如图 6-132 所示。

图 6-132　0201 型快递纸箱结构图

特别提示：对比用盒型库绘制的纸箱与之前按常规方法绘制的纸箱可以发现，前者的摇盖及折痕线略微错位。这其实是很标准的画法，只是加工厂为了提高效率把它们做平齐了，故两种画法都没问题。

步骤四 检查清理。选择【设计】菜单下的【设计检查】选项，若没有问题就直接单击【确定】按钮。然后选择【设计】菜单下的【模切割清理】选项，找到问题，保存文件后进行修正（图 6-133），此包装结构就绘制完毕了。

图 6-133 模切割清理

4. 3D 成型与导出

3D 成型与前面介绍的折叠纸盒三维操作相同，下面补充一些前面没有介绍的。

步骤一 折叠成型。隐藏"总尺寸"图层，单击【转为 3D】按钮，选择基准面，取消选中【使用先前的折叠角度】复选框，如图 6-134 所示。单击【折叠全部】工具按钮，选择所有折痕线，在状态栏中设置【角度】为 90°（图 6-135），纸箱就折叠成功了。

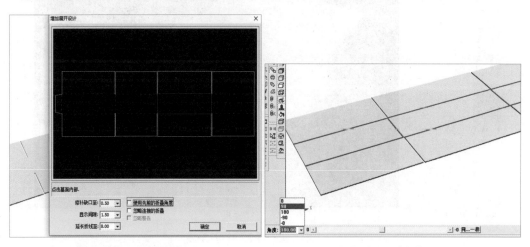

图 6-134 设置折叠   图 6-135 全部折叠

步骤二　调整视角。单击【视图角度】按钮，按住鼠标左键结合状态栏中的滑块进行视角调整，如图 6-136 所示。

步骤三　添加背景。单击【视图模式】按钮，添加一个背景图像（图 6-137），这里添加一张黑灰渐变图片。

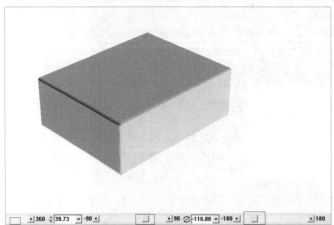

图 6-136　调整视角　　　　　　　　图 6-137　添加背景

步骤四　打开摇盖。为了更清楚地看清结构，可将上面的四个摇盖适当打开。单击【折叠角度】按钮，选择两条折痕线，拖动状态中的滑块调整打开角度（图 6-138），用同样的方法调整另外两个摇盖。

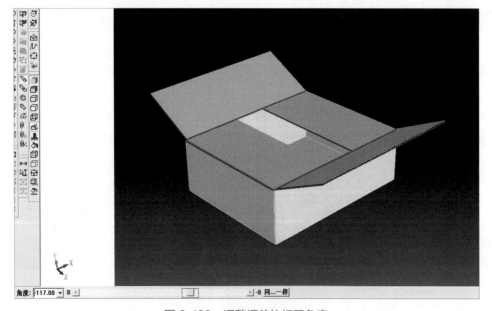

图 6-138　调整摇盖的打开角度

步骤五 渲染输出。与输出为其他格式的操作方法一样，选择【文件】菜单下的【输出 3D】选项，选择"JPEG"格式，在【位图】选项卡中可设置渲染尺寸和质量（图 6-139），在【摘要】选项卡中设置渲染路径（图 6-140）。

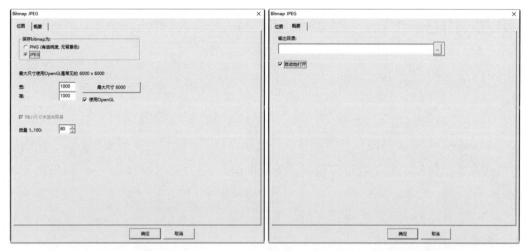

图 6-139 设置渲染参数　　　　　　　　图 6-140 设置渲染路径

步骤六 完成渲染。渲染结束打开后的效果如图 6-141 所示。也可录制折叠动画，录制方法可参见折叠纸盒的动画制作，这里不再赘述。

图 6-141 渲染完成图

主题 **04**

同步训练

ArtiosCAD 专业、高效，且简单易学，前面介绍了该软件的主要操作方法，使用那些方法基本能绘制纸盒、纸箱等包装，为了巩固知识技能，这里附上一些图纸供读者练习。

1. 手提袋设计

手提袋设计如图 6-142 所示。

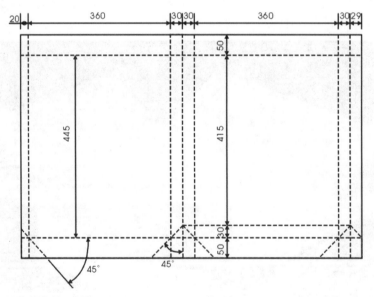

图 6-142　手提袋设计

2. 纸巾盒包装设计

纸巾盒包装设计如图 6-143 所示。

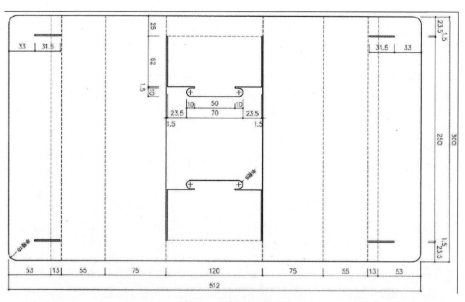

图 6-143　纸巾盒包装设计

3. 工业品包装盒设计

工业品包装盒设计如图 6-144 所示。

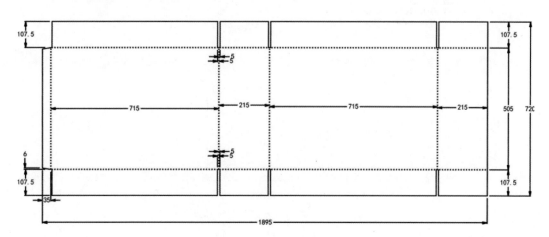

图 6-144　工业品包装盒设计

4. 礼盒设计

礼盒设计如图 6-145 所示。

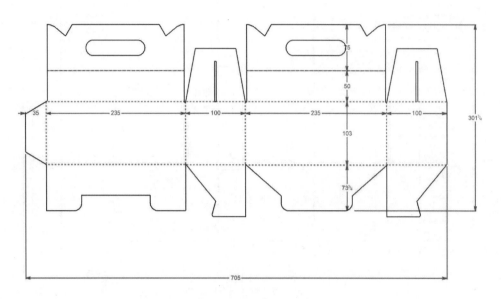

图 6-145　礼盒设计

5. 展示座设计

展示座设计如图 6-146 所示。

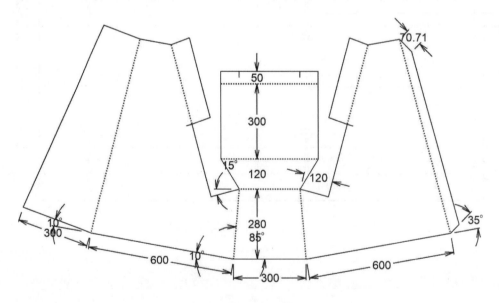

图 6-146　展示座设计

学习小结及实践

　　本章介绍了 ArtiosCAD 的基本用法，以折叠纸盒和瓦楞纸箱为例，基于工作流程介绍了设计、材料、生产、效果图、动画等各个环节的要领。体现了 ArtiosCAD 在包装结构设计上的专业性、高效性与开放性。

实践

（1）抄画本章实训内容和同步训练。

（2）找真实的折叠纸盒和瓦楞纸箱，测量其尺寸并绘制下来。

（3）尝试设计一款包装，用 ArtiosCAD 设计结构，用图形图像软件设计装潢，用 3ds Max 绘制效果图，完成一个完整的设计方案。

附录 1

主题 01

主题设计作品

　　根据一个主题征集设计，一般有企业设计征集、微客或设计赛事命题等几种。根据主题征集设计的好处是，不同的人针对同一主题进行设计时有不同的切入点和亮点，收集起来集中评价颇有"头脑风暴"的效果。

1. "宜兴名茶"系列包装设计

　　这是江苏正达广告有限公司的"宜兴名茶"系列包装设计征集，由"正达"公司提供设计素材与相关的设计元素，并且有明确的设计要求，且提供了相关的优秀作品作为示范参考。以下即入围作品。

　　此包装设计方案在材料上使用工业纸板加裱褙特种纸，硬质包装盒采用中纤板加裱褙特种纸，挺度及强度都不错。虽根据不同的茶叶设计了不同的色彩、字体和版式，但不足之处是装潢设计上各自为政，看不出是一个系列包装，建议统一版式或字体，形成家族式包装，效果会更好。

　　此包装设计方案造型、版式及字体统一，一看就是一个系列，用红、深蓝两个主色非常明确地表现了两个品种。若加上礼盒及手提袋则效果更好。

此包装设计方案色调统一，识别性强，系列包装设计把握得不错，只是主色可推敲一下，因为此色远看容易让人觉得像巧克力包装。

此包装设计方案较完整，以书法的"茶"字作为家族包装的统一元素，只是这个"茶"字虽然能突出名称，但与包装上的其他文字不够协调。

此系列包装设计有三种迥异的风格，成不了一个系列，还有较大的提升空间。

2. "四川特产"主题包装设计

这是"第二届四川旅游品创意设计大赛"的部分入围作品，对四川特产进行了改造设计，对比原包装，有很多亮点。

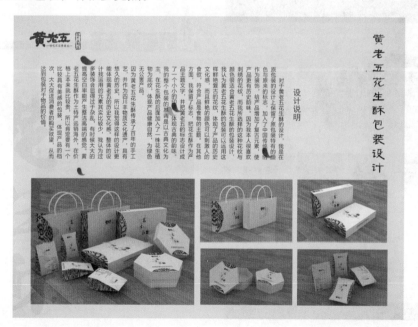

此包装设计方案以民间工艺为设计元素，清新、雅致，很有文化内涵，只是贴图比例有些小瑕疵。

　　此包装色调清新，装潢元素恰当，结构科学合理。

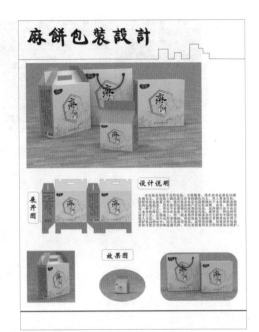

　　此包装方便携带，能表现传统、民间的调性，只是手提处的结构有些瑕疵（没有卡槽）。

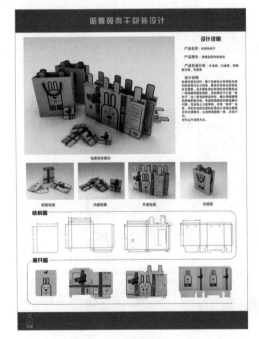

　　此包装设计新颖，注重个性化与用户体验，抓住了旅游食品礼盒设计的要点。

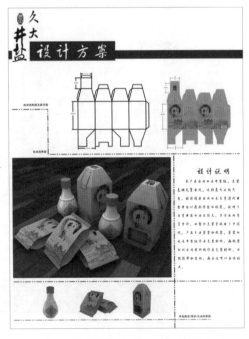

　　此包装设计大气，挖掘了文化内涵，体现了旅游食品礼盒及收藏版包装设计的要点。

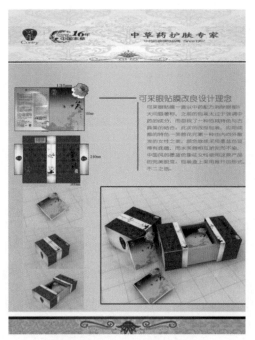

此包装设计方案的内包装与盒子结构设计体现了个性化与仪式感。

此包装设计方案以地方特色（自贡灯会）元素为图形形象，新颖别致且能体现地方特色。只是效果图的制作技巧需要提升。

主题 **02**

日常包装设计作品

企业对市场最敏感，且设计公司与客户深入交流，对客户需求加以调研挖掘，且其作品经市场考验，所以总是有可取之处的。以下列举成都铂翼、七水品牌、普什 3D、视域文化等公司的几个日常包装设计作品，供读者欣赏。

1. 食品调料类包装设计

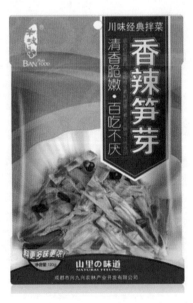

以上几个包装设计方案用材经济，图片用照片或直接开窗，商品名称比较醒目，视觉传达效果较好，是比较实用的包装设计。

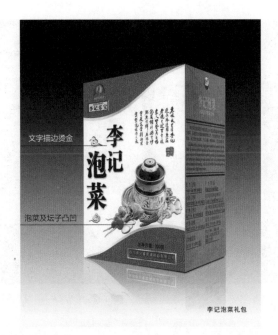

李记泡菜礼包

此包装设计的绿色象征生态，祥云是流行图案，手绘泡菜及坛子，加上特殊工艺，使商品形象非常鲜明。

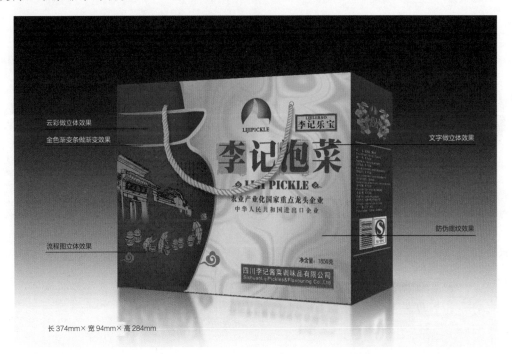

长 374mm× 宽 94mm× 高 284mm

此包装设计以红色、黄色为主，象征吉祥富贵，再添加大量的特种制作工艺，更能彰显品牌形象。

　　此包装设计中发黄的纸、手绘图及印章效果凸显了产品用古法炒制的特点，封口防漏，开孔透气，充分考虑了物理、生理、心理方面的因素。

2. 保健品类包装设计

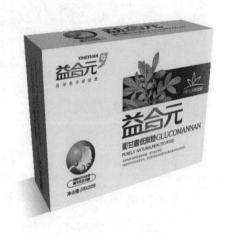

　　此包装设计采用古色古香的色调、书法字体、手绘插画、印章效果、传统图案等手法表现历史感，从而传达可靠的信息。

　　此包装设计以白底绿色给人天然生态的感觉，采用原料照片和品牌文字作为传达形象的主要元素。

3. 酒水类包装设计

此包装设计采用透明玻璃瓶，让买家直接看到米酒的颜色。

此包装设计采用硬盒加提绳的方式，降低了成本，也节省了资源。

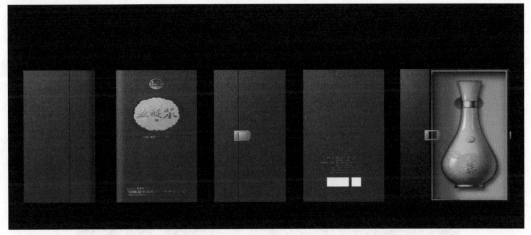

此包装设计外用硬盒加特种纸、特种工艺，内用白玉瓶加缓冲材料，没有过多的装饰，高档调性秒现。

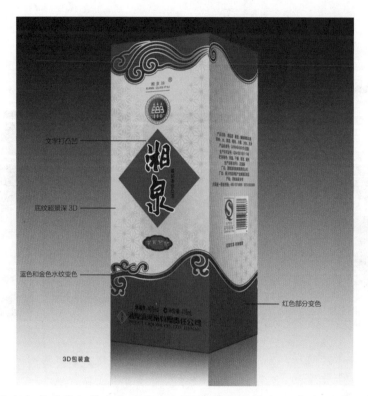

此酒盒用大众喜爱的红黄金色为主色，加上传统的斗方、书法，再以大量特种印刷工艺制作。传统的元素，现代的制作工艺，醒目、雅致，呈现出一种特别的视觉印象。

此包装设计采用套盖加底座的结构，并用特种工艺表现其品牌形象。

此包装设计也是采用套盖加底座的结构，用了特种材料和工艺表现其品牌形象。

4. 日用品包装设计

此包装设计以绿色表现大然清新的调
性，大量的白色又体现了洁净的调性。

此包装设计将包装图案印于透明袋
上，若是抽纸效果更佳。

此包装设计以冷色、明色调表现洁净的调性。

此包装设计以粉紫、明色调为主，深受都市年轻女性的喜爱。

5. 工艺品包装设计

乌木是名贵材料，其包装设计不可马虎，须表现其档次。色调宜深，材质宜硬，图形与文字宜传统。

附录 2

书中涉及化学包装材料名称对照表

简称	全称	中文名
BOPP	Biaxially Oriented Polypropylene	双向拉伸聚丙烯
EPE	Expandable Polyethylene	可发性聚乙烯（珍珠棉）
EPS	Expanded Polystyrene	聚苯乙烯泡沫
EVA	Ethylene-vinyl Acetate Copolymer	乙烯－醋酸乙烯共聚物
PC	Polycarbonate	聚碳酸酯
PET	Polyethylene Terephthalate	涤纶树脂（聚酯）
PETG	Poly (ethylene terephthalateco-1,4-cylclohexylenedimethylene terephthalate)	透明非结晶型共聚酯塑料
PS	Polystyrene	聚苯乙烯
PU	Polyurethane	聚氨基甲酸酯
PUR	Polyurethane Reactive	聚氨酯
PVC	Polyvinyl Chloride	聚氯乙烯

参考文献

［1］ 陈光义. 包装设计 [M]. 北京：清华大学出版社，2010.

［2］ 陈希. 包装设计 [M]. 2版. 北京：高等教育出版社，2008.

［3］ 刘燕. 包装装潢设计 [M]. 北京：国防工业出版社，2014.

［4］ 马未都. 马未都说收藏·杂项篇 [M]. 北京：中华书局，2009.

［5］ 王炳南. 包装设计 [M]. 北京：文化发展出版社，2016.

［6］ 王炳南. 包装结构设计 [M]. 上海：上海交通大学出版社，2011.

［7］ 叶茂中. 广告人手记 [M]. 北京：北京联合出版公司，2015.

［8］ 易晓湘. 商业包装设计 [M]. 北京：北京大学出版社，2012.

［9］ 祝勇. 故宫的古物之美 [M]. 北京：人民文学出版社，2018.